地理信息系统实验教程

田永中　张佳会　佘晓君　编著
黎　明　李晓璐

科学出版社

北　京

内 容 简 介

本书是作者在长期从事 GIS 教学和科研的基础上，根据学科发展特点和社会的需求状况，以 ArcGIS 为平台编写的地理信息系统实验教材。全书共安排了 30 个实验，内容涉及空间数据基础与 ArcGIS 基本操作、空间数据的输入与处理、空间分析、空间数据可视化、GIS 开发与应用等方面。每个实验都包括实验目的、实验内容、实验原理与方法、实验设备与数据、实验步骤和实验说明，所有的实验都配备了相关的数据及教学课件。通过这些实验的练习，可以加深读者对 GIS 基础理论的认识，使其掌握从空间数据的输入、编辑与处理，到空间数据库的建立、空间分析与 GIS 应用，再到空间数据可视化与专题制图等整个数据链路中的各方面专业技能。本书既可作为《地理信息系统基础教程》的配套实验教材，也可以独立使用。

本书可以作为高等院校地理信息科学、人文地理与城乡规划、自然地理与资源环境、土地管理、测绘、生态学、环境保护、土壤学、水土保持等专业本科生、研究生地理信息系统课程的实验教材，也可供其他相关专业的师生、专业技术人员、研究人员参考使用。

审图号：GS（2018）4594 号

图书在版编目（CIP）数据

地理信息系统实验教程/田永中等编著. —北京：科学出版社，2018.8
ISBN 978-7-03-058570-7

Ⅰ.①地… Ⅱ.①田… Ⅲ.①地理信息系统–实验–教材 Ⅳ.①P208-33

中国版本图书馆 CIP 数据核字（2018）第 194534 号

责任编辑：杨 红 程雷星/责任校对：何艳萍
责任印制：赵 博/封面设计：迷底书装

科学出版社 出版
北京东黄城根北街 16 号
邮政编码：100717
http://www.sciencep.com

北京华宇信诺印刷有限公司印刷
科学出版社发行 各地新华书店经销
*
2018 年 8 月第 一 版 开本：787×1092 1/16
2025 年 1 月第八次印刷 印张：10 1/4
字数：246 000
定价：39.00 元
（如有印装质量问题，我社负责调换）

序

地理、测绘及计算机等多学科交叉融合形成的地理信息系统（GIS），以其特有的空间分析能力和强大的社会应用能力，在从其诞生至今的短短几十年间，迅速从实验室走向社会，从专业的计算机系统向产业化、社会化发展，并逐渐成为国家空间信息基础设施和智慧城市建设的重要组成部分和关键技术。作为"数字地球"的基础，GIS 改变着人类对地理空间的认知，使人类的空间决策问题变得更为有效和科学。目前，地理信息技术已渗透到国民经济的众多部门，影响着人们的工作和生产生活方式，广泛应用于测绘与制图、城乡规划、资源管理、灾害监测与环境保护、国防、日常生活等与空间位置有关的众多领域，其应用范围早已超越了地理学范畴，在其他地学及相关领域如大气科学、地质学、海洋学、环境科学、水文学、生态学等学科中也得到了很好的应用。

高水平的创新创业人才是推动我国 GIS 产业发展的关键因素。多年来，我国 GIS 高等教育的发展也走过了早先积淀期、初建孕育期、快速成长期、稳定发展期，现正处在重要的跨越提升期。为适应 GIS 人才培养的需要，一大批高质量的 GIS 教材不断涌现。这其中就有西南大学田永中老师及其教学团队于 2010 年编写并于科学出版社出版的《地理信息系统基础与实验教程》。教材出版以来，已经在全国 GIS 教育界产生重要的影响。本次该教材重新整理出版，不但在原书的基础上修正了原教材中存在的部分不足，而且结合 GIS 技术的最新发展，补充和调整了教材内容。最难能可贵的是，作者在多项教学研究成果的支持下，对 GIS 人才的社会需求进行了广泛和深入的调研，并将调研成果运用到教材的修订中，反映了编写团队宽阔的学术视野及严谨的教学作风。该教材一个重要特点就是强调理论与实践的结合，理论部分重点在于 GIS 基础知识和方法的介绍，实验部分紧密结合了基础理论中的各个知识点，这不仅有利于加深读者对理论的理解，更能增强其实践技能。新版教材将《地理信息系统实验教程》与《地理信息系统基础教程》独立成册，使实验教材既可作为基础理论教学的配套教材，也可以作为增强读者实践技能的独立教材。

一本好的 GIS 基础教材，在于能够为读者探索地理信息世界打开一扇窗户，让读者理解地理空间的信息表达方式，知道怎样去获取、管理、分析和输出空间数据，引导读者学会如何采用 GIS 技术去解决诸多的空间问题。我衷心希望该教材的出版，能够引领读者去认识 GIS、了解 GIS 技术的应用潜力，为我国 GIS 人才培养、GIS 技术在各行业中的推广和应用发挥应有的作用，同时也期望读者在使用该教材后能有所收获。我们也期望有更多的 GIS 同仁能够参与各类 GIS 教材的建设，涌现更多具有时代特色的优秀教材及其他优质教学资源，为国家培养出更多具有创新创业能力的高水平的 GIS 人才。

中国地理信息产业协会教育与科普专业工作委员会主任

汤国安

2018 年 6 月 26 日

前　　言

地理信息系统（GIS）作为一门地理学与计算机科学紧密结合的交叉学科，具有重要的社会应用价值。GIS 课程作为高校地学类相关专业的一门重要的基础课程，具有很强的实践性。在 GIS 教学中，为了让学生能够有效地掌握地理信息系统的基本原理，同时为了提高学生解决空间问题的实践技能和培养学生处理空间信息的动手能力，高校 GIS 课程中往往都有较大比例的实验课程，甚至很多高校都将 GIS 实验作为一门独立课程进行开设。因此在 GIS 教学中，实验课程具有重要的地位和作用，而一本好的实验教材又是其成功的关键。2015 年年底，我们组织了长期从事地理信息系统和空间分析等相关课程教学的教师，在原《地理信息系统基础与实验教程》的基础上，经过近三年的努力编写了本书。

本书作为《地理信息系统基础教程》的配套实验教材，在实验内容的安排上与其紧密结合，共分为 6 大板块 30 个实验，瞄准现实应用中 GIS 的主要技术问题，贯穿空间数据从输入到输出的全过程，提高学生的实践技能和动手能力。每个板块分别与《地理信息系统基础教程》的各章相对应。实验 1 与第 1 章对应，主要目的是认识 GIS 的组成与功能；实验 2~实验 7 与第 2 章对应，目的是让读者认识各种地理空间数据，掌握 GIS 数据基础的相关知识，初步了解 ArcGIS 软件的基本操作；实验 8~实验 14 与第 3 章对应，主要内容包括图形和属性数据的采集与输入、编辑、处理、数据库的建立等，目的是让读者掌握空间数据的输入与处理技能；实验 15~实验 25 与第 4 章对应，涉及 GIS 的核心内容——空间分析，包括空间查询与统计分析、基于矢量的空间分析、基于栅格的空间分析、三维分析、图解建模等方面，目的是让读者掌握空间分析的一般方法和技能；实验 26 和实验 27 与第 5 章对应，包括地图符号的制作与应用和专题电子地图（以中国人口密度图为例）的制作两个方面的内容，让读者掌握 GIS 空间数据的可视化方法，特别是地图制图技术；实验 28~实验 30 与第 6 章对应，涉及 GIS 的开发与综合应用，目的是激发读者开发 GIS 软件的兴趣，提高读者综合运用 GIS 解决空间问题的能力。

本书的每个实验一般按 1~2 个学时设计，全部实验需 45~60 个学时。在满足 GIS 课堂实验基本要求的情况下，提供了更多的实验供读者选择。因为每个高校在 GIS 实验课程学时安排方面有很大的差异，所以在使用本书的过程中，教师可以根据专业特色、课时要求等因素，有选择地安排课堂实验内容，对不能在课堂中完成的实验，可以作为学生的平时作业或课后的自主练习。特别是对于 GIS 专业来说，因为后续教学中往往有专门的空间分析课程，所以在前期学习中可大幅减少有关空间分析的实验。

本书中的实验以当前地理信息行业内较为流行的 ArcGIS 软件为支撑。该软件目前常用的有 ArcGIS 10 和 ArcGIS 9 系列的多个版本。本书以 ArcGIS 10.4 版本为基础编写，同时能够兼容 ArcGIS 10 的其他版本。为提高数据的兼容性，编写过程中对实验中的数据及地图文档按 ArcGIS 9.3 的格式进行了整理，使 ArcGIS 9.3 及其以后的版本都能读取这些数据和文档。因为 ArcGIS 的不同版本之间在处理和分析某些问题时有一些差异，所以读者在开展实验时可能还会碰到版本差异产生的问题。一般情况下，适当调整实验参数或过程，都可以解决版本差异问题。

　　本书中的实验与原《地理信息系统基础与实验教程》中的实验相比，不仅修改了软件版本，而且根据学科发展及社会对 GIS 技术的需求，在数据采集、数据处理、空间数据建库、空间查询和地图符号等方面增加了 5 个实验，修改了原实验在实验原理、实验步骤方面存在的问题，并为每个实验增加了实验说明。这不仅能够使实验更易于操作和理解，还能使读者获得更全面的 GIS 实践技能，并更容易掌握 GIS 的基本原理。

　　本书在编写过程中，得到了刘旭东、许文轩、肖悦、江汶静、吴晶晶、田林、刘瑾、万祖毅、张雪倩、刘康甯的帮助，他们在实验数据收集整理、实验过程检查及文本校正等方面给予了大力支持，在此一并感谢！同时也要感谢西南大学教务处、西南大学地理科学学院等单位给予的支持和帮助！

　　由于编者水平有限，书中难免存在不足之处，敬请读者不吝指正！

田永中
2018 年 6 月

目　录

实验 1　GIS 的组成与功能

一、实验目的

了解 GIS 的组成及其基本功能。

二、实验内容

了解 GIS 在硬件、软件、数据、人员等方面的组成情况，以及 ArcGIS 软件在数据获取、数据操作、数据集成、数据分析及产品输出等方面的功能。

三、实验原理与方法

实验原理：GIS 由四个部分组成，包括硬件系统、软件系统、空间数据和 GIS 人员；GIS 具有数据获取、操作、集成、分析及产品的制作、显示和输出等功能。

实验方法：通过对输入、处理、输出设备等硬件，ArcGIS 等软件，以及空间数据和 GIS 人员的认识，了解 GIS 的各个组成部分。以 ArcGIS 软件为例，通过打开各类工具条、工具箱或菜单，认识 GIS 的基本功能。

四、实验设备与数据

（1）实验设备：扫描仪等输入设备、计算机等处理设备、绘图仪等输出设备。

（2）主要软件：ArcGIS Desktop、AutoCAD、Photoshop 等。

（3）实验数据[①]："实验 01"文件夹中的数据，这些数据主要来源于 ArcGIS 10 安装目录下的 ArcGlobeData、MapTemplates 等文件夹。

五、实验步骤

1. 认识 GIS 硬件系统

（1）输入设备：常规输入设备，如鼠标、键盘、数字化仪、扫描仪等；专用输入设备，如全站仪、GPS、数字摄影测量系统、遥感图像处理系统等。

（2）存储与处理设备：光盘与光驱、U 盘与 USB 接口、移动硬盘、计算机主机内的固定硬盘、计算机处理器等。

（3）输出设备：显示器（LCD、CRT）、打印机、绘图仪等。

---

① 读者可通过 http://www.ecsponline.com 网站检索图书名称，在图书详情页"资源下载"栏目中获取本书所有实验数据，如有问题可发邮件到 dx@mail.sciencep.com 咨询。

2. 认识 GIS 软件系统

（1）系统软件：打开计算机，认识操作系统软件，如 Windows 7/8/10，了解其基本操作。

图 1.1　ArcGIS 桌面软件构成

（2）基础软件：打开 AutoCAD、Photoshop 等软件，了解这些软件的主要功能，分析其在 GIS 中的地位和作用。

（3）GIS 软件：首先打开系统的程序列表（所有程序），找到 ArcGIS 并打开其列表（图 1.1），了解 ArcGIS 程序列表中的主要组成部分，认识 ArcGIS 桌面软件的构成；然后分别打开 ArcMap、ArcCatalog，单击 ArcMap 或 ArcCatalog 标准工具条（可依次点击菜单【Customize】→【Toolbars】→【Standard】打开该工具条）中的🔲按钮，打开 ArcToolbox，认识 ArcGIS 的工具箱；其后在 ArcMap 或 ArcCatalog 的 Help 菜单下点击【ArcGIS Desktop Help】，打开帮助文档，了解 ArcGIS 的基本情况和帮助信息。

ArcMap：是 ArcGIS Desktop 中最常用的应用程序，是传统的 GIS 内容制作、编辑、执行地理处理分析、制图与空间数据管理的桌面工具，包含基于地图的所有功能（图 1.2）。点击 ArcGIS Desktop Help 左侧内容窗口中的【Get started】→【What is ArcMap?】，在右侧窗口中浏览更多关于 ArcMap 的信息。

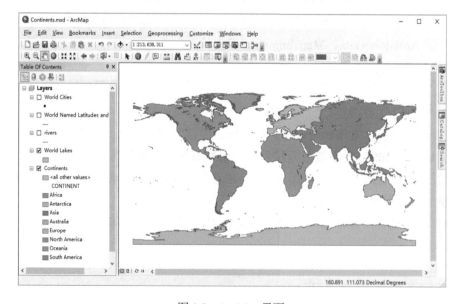

图 1.2　ArcMap 界面

ArcCatalog：是除 ArcMap 外的另一重要程序，是地理数据的资源管理器，用户通过 ArcCatalog 可以创建、浏览、组织和管理空间数据，以及进行元数据的设置和查看（图 1.3）。ArcGIS 10 版本中，ArcCatalog 还被集成于 ArcMap 中使用。点击 ArcMap 标准工具条上的 Catalog 按钮，即可在 ArcMap 中打开 Catalog 窗口，执行与 ArcCatalog 相似的任务。点击 ArcGIS Desktop Help 左侧内容窗口中的【Manage data】→【Catalog】→【What is ArcCatalog?】，在右侧窗口中浏览更多关于 ArcCatalog 的信息。

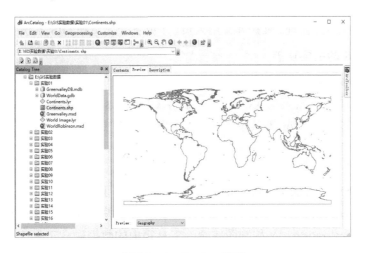

图 1.3　ArcCatalog 界面

ArcToolbox：是一个地理处理工具的集合，其功能涵盖了数据处理、转换、制图、分析等多个方面，ArcGIS 的地理处理工作往往都通过它里面的工具来完成。它内置于 ArcMap 及 ArcCatalog 之中，可从标准工具条上点击按钮打开，其界面如图 1.4 所示。

ArcGIS Desktop Help：ArcGIS 桌面软件的帮助文档，内含使用该软件的帮助信息，是学习和使用 ArcGIS 最得力的助手（图 1.5）。

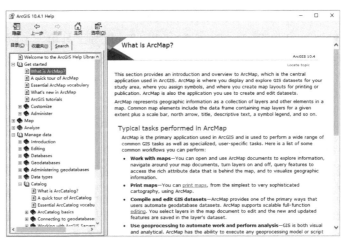

图 1.4　ArcToolbox 界面　　　　　　　　　　　图 1.5　ArcGIS 帮助文档

3. 认识 GIS 数据

在 ArcCatalog 左侧的目录树（Catalog Tree）窗口中，选中实验 01 文件夹中的某一数据（如 E:\GIS 实验数据\实验 01\Continents.shp，图 1.3）或其他任一数据，点击右侧窗口顶部的 Preview 标签，对所选数据进行浏览。点击窗口下方的 Preview 下拉框，选择"Table"，浏览数据的属性信息。

4. 认识 GIS 人员

认识系统的开发、管理、维护和使用人员，了解各类人员在 GIS 系统中的地位和作用。

5. 认识 GIS 的主要功能

1）数据获取功能

在 ArcMap 中，点击菜单【Customize】→【Toolbars】→【Editor】或点击标准工具条上的按钮 ，打开 Editor 工具条，了解该工具条上的主要功能，特别是数据输入与数据编辑功能。

2）数据操作功能

在 ArcToolbox 中，打开 Conversion Tools 工具箱，了解其中关于数据转换的工具；打开 Data Management Tools 工具箱（图 1.4），了解其中关于数据管理的各类工具。例如，数据概化（Generalization，又称制图综合）工具箱中的数据融合工具 Dissolve，General 工具箱中的 Delete、Append、Merge 等工具。通过了解这些工具，认识 GIS 的数据操作功能。

3）数据集成功能

在 ArcCatalog 中，分别选中"实验 01"文件夹下 GreenvalleyDB 和 WorldData 中的数据（图 1.3），对其中的各项数据进行浏览，了解 GIS 中空间数据的存储与组织（前者按属性组织、后者按区域组织），认识 GIS 的数据集成功能。

4）数据分析功能

在 ArcToolbox 中，分别打开 Analysis Tools、3D Analyst Tools、Network Analyst Tools、Tracking Analyst Tools、Spatial Analyst Tools 等工具箱，了解这些工具箱中关于空间数据的常规分析、三维分析、网络分析、追踪分析、空间分析等各类工具，认识 GIS 的数据分析功能。

5）产品输出功能

双击"实验 01"文件夹下的地图文档 WorldRobinson.mxd，在 ArcMap 中打开该地图，依次点击菜单【File】→【Export Map...】，打开输出地图对话框（图 1.6），在保存类型中选择"JPEG"，设置保存路径和名称，点击下方选项（Options）左边的三角扩展按钮，将分辨率（Resolution）设置为 300dpi（其余参数采用默认值），点击保存按钮，将地图以 jpg 格式输出。采用同样的方法将该地图输出为 pdf 格式（图 1.6）。输出完毕后，在资源管理器中找到并打开这两个文件，比较两个文件之间在地图输出方面的差异。

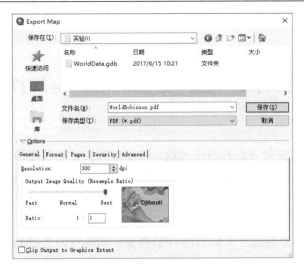

图 1.6 地图的输出

六、实验说明

（1）关于 GIS 的组成，在硬件方面，一些常规设备如鼠标、键盘、显示器、打印机等容易获取和了解，但扫描仪、绘图仪、全站仪、图像处理系统等设备要根据实验室的配置情况来开展实验。若实验室不具备这些设备，读者可以从网络中去查找和认识这些设备，了解其功能。软件方面，特别是基础软件和 GIS 专业软件，读者也可根据自己的需要补充学习其他软件。数据方面，不一定局限于实验 01 中的数据，后续实验中的数据也可以利用。对 GIS 人员方面的认识，实验中不一定要接触此类人员，但可以从涉及开发、管理、维护、使用等方面的人员或组织机构去查询和了解。

（2）关于 GIS 的功能，本实验中只需要认识和了解 GIS 有哪些类型的功能，至于这些功能如何实现，将在后续的相关实验中进行介绍。

实验 2 空间数据的表达与转换

一、实验目的

认识空间数据的矢量表达和栅格表达，初步掌握矢量和栅格两种数据结构之间的相互转换方法，明确像元大小在栅格表达中的影响。

二、实验内容

以 ArcGIS 软件为基础，了解 GIS 中最常见的两种空间数据的表达方式：矢量数据结构及栅格数据结构，通过相互转换，认识点、线、面三种要素在不同空间分辨率下的表达特征。

三、实验原理与方法

实验原理：矢量和栅格是 GIS 中两种主要的空间数据结构，它们之间可以进行相互转换。转换中有两个关键参数，一是属性字段（Field），二是像元大小（Cell size）。前者决定了将哪项属性值赋予输出栅格，后者决定了输出栅格的空间分辨率。在不同空间分辨率下转换所生成的栅格数据有着不同的图形特征。

实验方法：利用 ArcToolbox 转换工具箱（Conversion Tools）中的矢量栅格转换工具（Feature to Raster）进行数据转换，再将栅格数据转换回矢量数据（Raster to Point/Polyline/Polygon），并进行转换前后的数据比较。

四、实验设备与数据

（1）实验设备：计算机。

（2）主要软件：ArcGIS Desktop。

（3）实验数据："实验 02"文件夹中的数据，包括点数据 point.shp、线数据 polyline.shp、面数据 polygon.shp。

五、实验步骤

（1）打开 ArcCatalog，在左侧的目录树窗口中找到"实验 02"文件夹，分别选中不同的点、线、面要素，在右边的窗口中选择 Preview 标签以浏览空间数据。

（2）点击标准工具条上的按钮▣，打开集成在 ArcCatalog 中的 ArcToolbox 工具箱，点击【Conversion Tools】→【To Raster】→【Feature to Raster】，双击打开 Feature to Raster 对话框。

（3）在 Input features 中加入需要栅格化的数据 point，在 Field 里选择 Id 字段，在

Output raster 里设置输出栅格数据的文件夹和文件名称（pointraster02），在 Output cell size 里设置转换后的栅格分辨率（栅格像元大小）为 2m，单击【OK】将矢量数据转换为栅格数据（图 2.1）。读者可以尝试点击对话框右下角的【Show Help>>】查看各参数的含义。

（4）重复上一步，将 point 数据分别按像元大小 8m、32m 进行转换，输出数据分别命名为 pointraster08、pointraster32。

（5）重复以上第（3）、（4）步，将 polyline 数据分别按像元大小 2m、8m、32m 转换成栅格数据，输出数据分别命名为 lineraster02、lineraster08、lineraster32。

（6）重复以上第（3）、（4）步，将 polygon 数据分别按像元大小 2m、8m、32m 转换成栅格数据，输出数据分别命名为 gonraster02、gonraster08、gonraster32。

（7）打开 ArcMap，分别加入 point 数据，以及由 point 转换成的三个栅格数据 pointraster02、pointraster08 和 pointraster32，调整图层顺序，使以上图层按从上到下的顺序排列。观察不同像元大小下的栅格数据的位置偏移，并留意在像元大小为 32m 的数据中，左下方第 10、11 点产生的属性偏差（在 point 的图层属性中通过标签设置可显示点的 Id 号）。

（8）关闭点图层，采用与上一步类似的方法分别加载 polyline、polygon 及其转换成的栅格数据，比较不同像元大小的栅格数据之间，以及它们与原矢量数据之间的差异，重点分析数据在不同像元大小时位置的移动、形状的畸变、属性的偏差。

（9）在 ArcToolbox 中依次点击【Conversion Tools】→【From Raster】，选择不同的转换工具，依次将前述生成的栅格数据再转换回与原数据同类型的矢量数据。

a. 对点而言，打开 Raster to Point 工具，在 Input raster 中选择要转换的数据"pointraster02"，在 Field 里选择"VALUE"，在 Output point features 里设置输出点数据的路径和名称（point02）（图 2.2），点击【OK】将栅格转换为点。重复该操作，将 pointraster08、pointraster32 也转换为点的矢量数据，输出数据分别命名为 point08、point32。

图 2.1　Feature to Raster 对话框

图 2.2　Raster to Point 对话框

b. 对线而言，打开 Raster to Polyline 工具，在 Input raster 中选择要转换的数据"lineraster02"，在 Field 里选择"VALUE"，在 Output polyline features 里设置输出线数

据的路径和文件名称（polyline02），在 Background value 中选择"NODATA"，其余保留默认值，点击【OK】将栅格转换成线（图 2.3）。重复该操作，将 lineraster08、lineraster32 也转换为线的矢量数据，输出数据分别命名为 polyline08、polyline32。

c. 对面而言，打开 Raster to Polygon 工具，在 Input raster 中选择要转换的数据"gonraster02"，在 Field 里选择"VALUE"，在 Output polygon features 里设置输出面数据的路径和文件名称（polygon02），点击【OK】将栅格转换成面（图 2.4）。重复该操作，将 gonraster08、gonraster32 也转换为面的矢量数据，输出数据分别命名为 polygon08、polygon32。

（10）将上一步新生成的矢量数据按类型分别加载到 ArcMap 中，与 point、polyline、polygon 分别进行对比（图 2.5），分析它们之间的差异。

（11）根据以上对矢量数据按不同分辨率转出、转入数据的对比，分析矢量数据结构和栅格数据结构在表达空间对象时的特点或规律，写一份简要的报告。

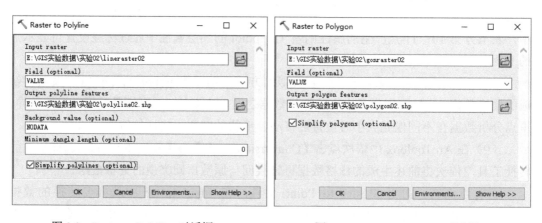

图 2.3　Raster to Polyline 对话框　　　　图 2.4　Raster to Polygon 对话框

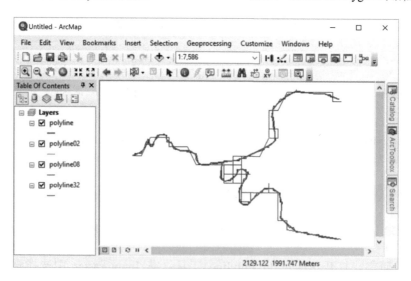

图 2.5　转换前后的数据对比（线）

六、实验说明

（1）本实验中涉及 3 个矢量数据、3 种不同分辨率、2 个转换类型（转出和转入）共 18 个处理。若读者实验时间不足，可只针对 1~2 个矢量数据、采用 1~2 种分辨率做转出和转入处理。若时间充裕，可增加 1~2 种分辨率（如 1m、64m 等），则可更加充分理解分辨率的不同对数据产生的影响。

（2）ArcToolbox 的 To Raster 工具集中有两类矢量转栅格的工具，一类是本实验中使用的 Feature to Raster 工具，另一类是 Point（Polyline、Polygon） to Raster 转换工具。前者是一个综合转换工具，是对后一类的补充，它的输入要素可以是包含点、线、面等的任意要素类（如 Geodatabase、Shapefile、Coverage 等），其像元赋值方法都是采用像元中心法（Cell Center）；后者是分类转换工具，可以针对不同类型的要素进行转换，并在转换中的像元赋值方法、字段优先性等方面有更多的选项供用户选择。后续的实验 4 中将使用 Polygon to Raster 工具，采用不同赋值方法进行多边形的栅格转换。

实验 3 ArcGIS 的基本操作与数据表示

一、实验目的

了解 ArcGIS 的基本操作及 ArcGIS 中空间数据的不同表示方法。

二、实验内容

在 ArcGIS 中,创建地图或打开已有的地图,进行数据加载、数据显示、地图布局与地图输出等方面的基本操作,认识 ArcGIS 中的几种数据格式,创建新的 Shapefile 数据。

三、实验原理与方法

实验原理:基于 ArcGIS 软件开展 GIS 实验,必须熟悉该软件的基本操作,了解该软件中对空间数据的表示方法。ArcGIS 最基本的操作包括新建或打开地图、数据加载、数据显示和浏览、地图布局与输出等。空间数据是 GIS 的核心组成部分,认识空间数据的表示方法或不同的数据格式,有助于对空间数据进行合理的使用。

实验方法:基于 ArcGIS 软件开展基本操作,通过地图、数据的浏览认识空间数据的不同表达方法。

四、实验设备与数据

(1)实验设备:计算机。

(2)主要软件:ArcGIS Desktop 等。

(3)实验数据:"实验 03"文件夹中的数据,这些数据主要来源于 ArcGIS 安装目录及 ArcTutor 目录下的相关数据。

五、实验步骤

1. 打开(创建)地图文档

可采用以下 4 种方式打开或创建地图:

(1)双击打开地图。直接双击地图文档,启动 ArcMap 并同时打开该地图文档。双击实验 03 中的地图文档 USA.mxd,启动 ArcMap 并打开一张美国地图(图 3.1)。

(2)在启动对话框中打开地图。启动 ArcMap,在 ArcMap 的启动对话框中,选择打开一个已有的地图文档或新建地图文档。已有地图可以选择近期使用过的地图或通过浏览查找地图;新建地图可以是一个全新的空白地图,也可以基于已有的地图模板创建新的地图(图 3.2)。在图 3.2 中选择 Templates 中的"World",在右侧窗口中选择"Asia",

即可打开一个亚洲地图的模板用于新建基于亚洲的地图。

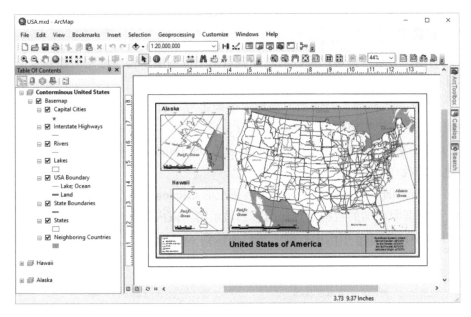

图 3.1　打开已有地图文档

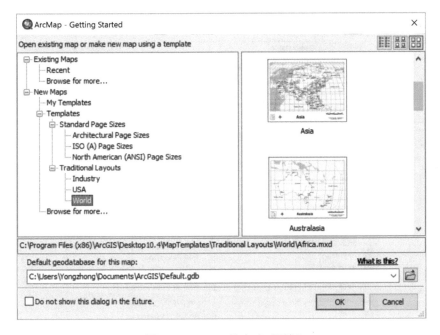

图 3.2　ArcMap 的启动对话框

（3）通过 ArcMap 的菜单创建或打开一个地图文档。在菜单栏上点击【File】→
【New...】，打开 ArcMap 的启动对话框，打开已有地图或新建地图；点击【File】→
【Open...】，依据路径选择并打开任一地图文档（如"实验 03"中的 USA.mxd）。

（4）通过工具按钮创建或打开一个地图文档。在 ArcMap 的标准工具条上点击新建按钮 ▯ 或打开按钮 ▱，也可实现地图的创建或打开。

2. 加载数据

新建的地图必须有图层，可以通过加载数据生成图层来构建地图。加载数据的方法有以下 4 种：

（1）直接点击标准工具条上的添加数据按钮 ✚，打开添加数据对话框，选择要加载的数据，点击添加按钮即可加载数据（图 3.3）。

（2）点击菜单【File】→【Add Data】→【Add Data…】，打开添加数据对话框，选择数据进行加载（图 3.4）。

（3）在 ArcMap 中，直接点击标准工具条上的 Catalog 按钮 ▦，在右侧打开的 Catalog 窗口中，选择需要添加的数据，直接拖移到显示窗口或内容表中实现数据的加载。

（4）在 ArcCatalog 中选中数据，然后拖移到 ArcMap 的显示窗口或内容表中。

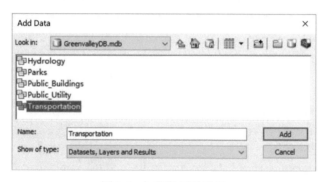

图 3.3　加载数据对话框

图 3.4　使用菜单加载数据

3. 数据显示与浏览

在 ArcMap 中，加载"实验 03\ArcGlobeData"中的 continent.shp 数据，通过点击 View 菜单下的【Data View】（图 3.5）或点击显示窗口左下角的第一个按钮 ，将显示窗口的类型设置为数据视图，采用 Tools 工具条（可依次点击菜单【Customize】→【Toolbars】→【Tools】，打开 Tools 工具条）中的浏览工具，如放大 、缩小 、全局视图 、前一视图 、后一视图 等，对数据的图形部分进行浏览；右键点击左边窗口中的数据图层"continent"，选择"Open Attribute Table"，打开该数据的属性表，浏览其属性数据（图 3.6）。

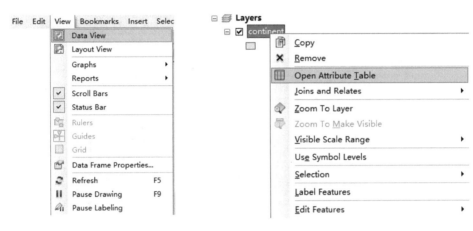

图 3.5　Data View 菜单　　　　　　　　　　图 3.6　打开属性表

在 ArcCatalog 中也可对空间数据的空间信息和属性信息进行浏览：在 ArcCatalog 左侧的目录树窗口中选中需要浏览的数据（如 continent.shp），在右边的视图窗口顶端选择 Preview 选项卡，可以实现空间数据的图形浏览。在窗口底部的预览（Preview）方式列表框中，选择"Table"，即可对其属性数据进行浏览（图 3.7）。

图 3.7　在 ArcCatalog 中浏览属性数据

4. 地图布局

在 ArcMap 中，通过点击 View 菜单下的 Layout View 或点击窗口左下角的第二个按钮 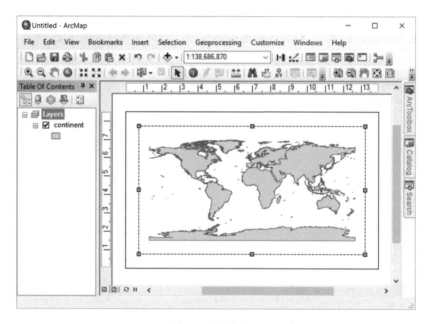，将视图窗口切换至版面视图，调整数据框在页面上的大小和位置，进行地图布局（图 3.8）。若有必要调整页面的大小和方向，可点击菜单【File】→【Page and Print Setup...】，在打开的窗口中进行页面设置。

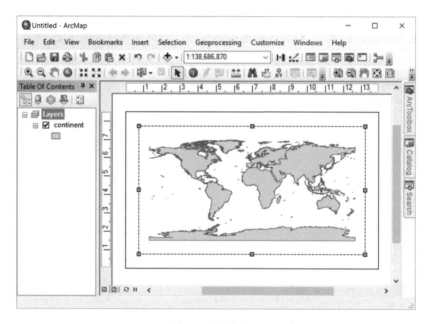

图 3.8　地图布局

5. 地图文档的保存

点击标准工具栏中的保存按钮 或者点击菜单【File】→【Save】，设置地图保存的路径和名称，点击保存按钮保存当前的地图文档。

6. 地图输出

点击菜单【File】→【Export Map...】，打开地图输出（Export Map）对话框，设定输出文件的路径、名称、类型、选项参数等，然后点击保存按钮，完成地图的输出。

7. 认识 ArcGIS 中常见的空间数据表示方法

在 ArcCatalog 中，认识"实验 03"文件夹中的 Shapefile、Coverage、Geodatabase、Raster 四种基本的空间数据格式（图 3.9~图 3.12），观察并比较各种数据在资源管理器和在 ArcCatalog 中的存在形式，注意它们之间的差异。

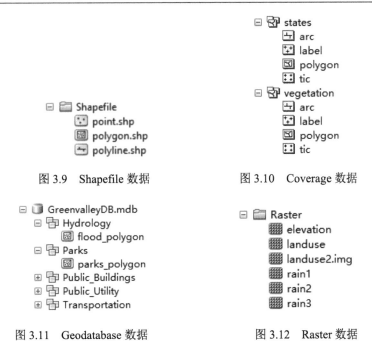

图 3.9　Shapefile 数据

图 3.10　Coverage 数据

图 3.11　Geodatabase 数据

图 3.12　Raster 数据

8. 在 ArcGIS 中创建新的数据文件——以 Shapefile 数据为例

（1）打开 ArcCatalog，右键点击"实验 03"文件夹，选择【New】→【Shapefile...】，打开创建 Shapefile 对话框。也可在选择"实验 03"文件夹后，点击菜单【File】→【New】→【Shapefile...】（图 3.13），打开该对话框。

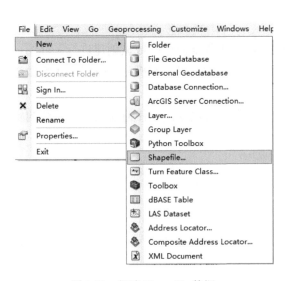

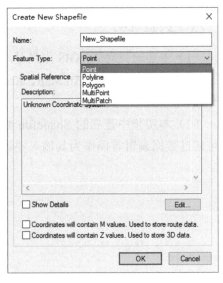

图 3.13　新建 Shapefile 数据

图 3.14　选择要素类型

（2）设置 Shapefile 文件：在 Name 文本框中输入文件的名称，在 Feature Type 列表框中选择需要建立的要素类型（点、线、面等 5 种类型）（图 3.14）。

（3）设置坐标系统：点击【Edit】按钮，对所建立的文件进行坐标系统的设置，可以选择预设的坐标系统、导入已有的坐标系统或者自定义坐标系统（图 3.15）。

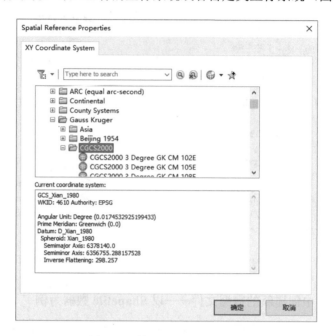

图 3.15　数据坐标系统的设置

（4）分别在资源管理器和 Arc Catalog 中浏览新建的数据。

六、实验说明

（1）本实验只对 ArcGIS 中最基本的几项操作和最简单的数据创建进行了介绍，实验 5、实验 6 中将分别对 ArcMap、ArcCatalog 中的数据显示和操作、数据格式等做进一步介绍。

（2）本实验中建立的 Shapefile 数据为一个空白数据，无任何要素，在后续的实验中可通过数据编辑等操作为其输入要素。

实验 4 栅格编码方法与分辨率对数据的影响

一、实验目的

了解主要类型法、像元中心法等栅格像元的编码方法及其误差特征，熟悉像元大小对数据精度、计算时间、存储空间等方面的影响。

二、实验内容

基于 ArcGIS，采用主要类型法和像元中心法对土地利用数据进行栅格编码，比较同一编码方法在不同分辨率下、同一分辨率在不同编码方法下各类土地的面积误差，并观察不同分辨率下数据的处理时间和文件大小差异。

三、实验原理与方法

实验原理：矢量数据转换成栅格数据时，栅格像元需要进行编码。常用的编码方法包括主要类型法和像元中心法。主要类型法将像元范围内的主要类型的值赋予像元，能够体现要素的宏观分布特征，其结果与要素本身的特征有关；像元中心法将像元中心位置的属性赋予像元，具有随机性，其结果与要素自身的特征无关。总体上，无论何种编码方法，像元越大，误差越大、计算时间和存储空间越小，因此实际应用中在确定像元大小时，要兼顾数据精度与计算时间和存储空间上的开销。

实验方法：采用 100m、500m、1000m 三种不同的分辨率，分别根据主要类型法和像元中心法，将矢量数据转换成栅格数据，统计并比较各类数据中各种土地的面积，分析误差特征，并比较计算时间和文件大小。

四、实验设备与数据

（1）实验设备：计算机。

（2）主要软件：ArcGIS Desktop、Microsoft Office 等。

（3）实验数据："实验 04"中 Land 数据库中的土地利用数据（Landuse），以及用于面积统计与误差计算的表格（结果统计表.xls）。

五、实验步骤

1. 浏览数据

（1）在 ArcCatalog 左侧的目录树窗口中，先选中 Land 数据库中的 Landuse 数据，点击右侧窗口中的 Preview 选项卡，对空间数据进行浏览，然后在窗口下端的预览方式（Preview）列表框中，选择"Table"打开该数据的属性表（图 4.1），认识该数据的属性数据。

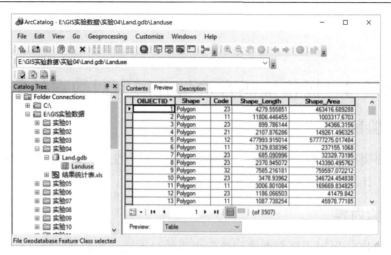

图 4.1　在 ArcCatalog 中浏览属性数据

（2）打开"实验 04"文件夹中的"土地分类系统.doc"文件，结合 Landuse 属性表中的土地类型代码字段 Code，了解各个代码所表示的土地类型。

（3）打开"实验 04"文件夹中的"结果统计表.xls"，了解本实验将要完成的相关任务，即各类面积统计与误差计算。

2. 统计土地利用矢量数据中各类土地的面积

（1）在 ArcCatalog 中，打开 ArcToolbox，依次点击【Analysis Tools】→【Statistics】→【Frequency】，打开频数统计工具 Frequency，在 Input Table 中输入数据 Landuse，在 Output Table 中采用默认值作为输出数据的路径和名称，在 Frequency Field(s)列表框中选择土地类型字段"Code"，在 Summary Field(s)列表框中选择面积字段"Shape_Area"（图 4.2），点击【OK】统计各类土地的面积。

图 4.2　面积分类统计

图 4.3　统计表格输出

（2）在 Land 数据库中右键点击上一步生成的表格，选择【Export】→【To dBASE(single)…】，将该表以 dbf 格式输出到"实验 04"文件夹中（图 4.3）。

（3）用 Excel 打开上一步输出的 dbf 格式统计表（先启动 Excel，再从中打开该表。打开时文件类型中选择"所有文件"），认识表中各列数据的含义，对面积进行单位换算（除以 1000000，从平方米换算为平方千米），并将换算后的面积按地类分别填入"结果统计表.xls"的"实际面积"一列。

3. 按主要类型法对土地利用数据进行栅格编码

（1）在 ArcCatalog 中，打开 ArcToolbox，依次点击【Conversion tools】→【To Raster】→【Polygon to Raster】，打开 Polygon to Raster 工具，在 Input Features 中输入 Landuse 数据，在 Value Field 下拉框中选择 Code 字段，修改输出栅格数据的路径为"实验 04"，并以 main100 为文件名称（在某些版本中需要将数据保存到 Geodatabase 之中，下同），像元编码方法（Cell assignment type）选择 MAXIMUM_COMBINED_AREA（即主要类型法中的合并面积最大法），像元大小（Cellsize）设为 100（图 4.4），最后点击【OK】，将矢量的土地数据按主要类型编码方法转换成像元大小为 100m、属性为土地类型代码的栅格数据。转换中，留意转换所用的时间。

（2）重复上一步，对 Landuse 数据采用主要类型法分别按 Cellsize 为 500m、1000m 进行栅格转换，输出栅格数据分别命名为 main500、main1000。注意观察三次转换所用时间的差异。在 Polygon to Raster 工具计算完成后，点击右下角弹窗中的工具名，可以在弹出的 result 对话框中找到工具运算所消耗的时间。

图 4.4　Polygon to Raster（主要类型法）

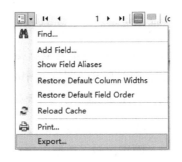

图 4.5　输出栅格数据的属性表

（3）在 ArcCatalog 中，选择数据"main100"，先预览生成的栅格土地利用数据，然后将右边窗口下方的预览方式（Preview）设置为"Table"（若无该选项，请阅读实验说明，寻找解决方案），打开该数据的属性表，认识表中各列的含义，比较栅格数据属性表与矢量数据属性表之间的差异。接下来点击属性表窗口左下角的 Table Options 按钮

▣▾，选择"Export…"（图4.5），打开输出数据对话框，点击输出路径右侧的浏览（Browse）按钮▣，在打开的对话框中（图4.6），选择存储类型（Save as type）为"dBASE Table"，也就是将属性表输出为.dbf 格式的文件，设置输出路径为"实验04"，输出文件命名为"m100.dbf"，最后依次点击【Save】和【OK】输出其属性表。重复上述操作，将上一步得到的另两个栅格数据（main500、main10000）的属性表分别输出（以 m500.dbf、m1000.dbf 命名）。

（4）用 Excel 分别打开前述输出的三个 dbf 文件，根据各类土地的像元数量（Count）及像元大小，计算各类土地的面积，将结果填入"结果统计表.xls"中的"主要类型法"下的相应位置。

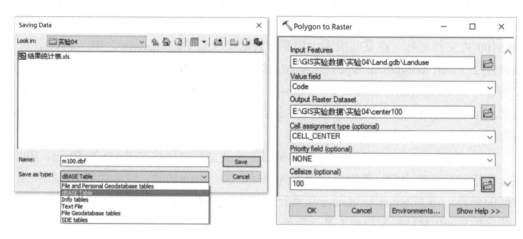

图 4.6　保存栅格数据的属性表　　　　　图 4.7　Polygon to Raster（像元中心法）

（5）在"结果统计表.xls"中，计算各类土地面积的误差百分比。误差百分比=（栅格面积−实际面积）×100/实际面积。

4. 按像元中心法对土地利用数据进行栅格编码

方法及过程与主要类型法相似，不同的是像元编码方法（Cell assignment type）要选择 CELL_CENTER（即像元中心法）（图 4.7），输出栅格数据可以分别以 center100、center500、center1000 命名，输出的表格可分别以 c100.dbf、c500.dbf、c1000.dbf 命名。

5. 数据比较

（1）面积比较。根据已完成的"结果统计表.xls"，重点比较同种编码方法不同分辨率，以及同种分辨率不同编码方法下各类土地的面积误差，分析不同编码方法的特点，总结其规律。

（2）图形比较。在 ArcMap 中，加载 Landuse 数据及采用主要类型法和像元中心法生成的 6 个栅格数据，比较数据之间的图形差异，特别注意观察多边形边界处两种编码方法所引起的数据差异。

（3）文件大小比较。在 ArcCatalog 中，先选中"实验 04"文件夹，并点击右侧窗口中的 Contents 选项卡，可以看见该文件夹中各数据或文件的名称和类型两项信息；然后点击菜单【Customize】→【ArcCatalog Options...】，在打开的对话框中，点击 Contents 选项卡，勾选 Size 复选框，点击【OK】返回显示窗口，可以看到新增的文件大小信息；最后比较不同像元下的文件大小（图 4.8）。

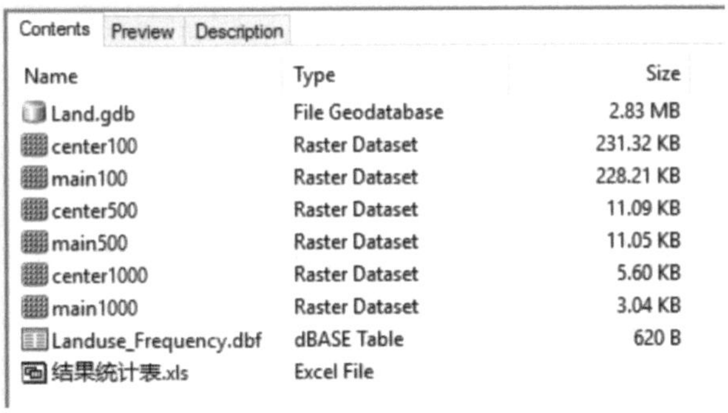

Contents	Preview	Description	
Name	Type	Size
Land.gdb	File Geodatabase	2.83 MB
center100	Raster Dataset	231.32 KB
main100	Raster Dataset	228.21 KB
center500	Raster Dataset	11.09 KB
main500	Raster Dataset	11.05 KB
center1000	Raster Dataset	5.60 KB
main1000	Raster Dataset	3.04 KB
Landuse_Frequency.dbf	dBASE Table	620 B
结果统计表.xls	Excel File	

图 4.8　不同分辨率栅格数据的文件大小对比

六、实验说明

（1）实际应用中会发现部分栅格数据没有属性表或无法浏览其属性表，主要有以下三个原因：一是由于栅格数据的数值是连续的，如双精度型数据，它的每一个值都可能是唯一的，无属性表是正常现象，在确实需要属性表时，可将数据转换为整数型栅格（如乘 100 后取整）；二是由软件版本差异引起的，可通过 Build Raster Attribute Table 工具创建属性表；三是由栅格数据所处位置引起，如处于 Geodatabase 中的栅格常出现无法浏览其属性表的情况，此时可尝试在 ArcMap 中打开其属性表。

（2）为进一步理解像元大小对数据精度、处理时间和存储空间的影响，读者可以将数据按 10m 或更小的像元进行转换，比较其与像元为 100m、500m、1000m 时在精度、时间及文件大小方面的差异。

（3）本实验只采用了主要类型法和像元中心法对矢量数据进行栅格编码，读者可以思考其他编码方法（如重要性法、长度占优法、比例分成法等）会对数据产生什么影响。

实验 5   ArcMap 中空间数据的显示

一、实验目的

了解 ArcMap 中空间数据的显示方法。

二、实验内容

在 ArcGIS 的 ArcMap 环境下，运用各种工具及方法实现对空间数据的多种不同显示。

三、实验原理与方法

实验原理：ArcMap 是 ArcGIS 用于地图显示和编辑的主要程序。在 ArcMap 的内容表中，通过图层、图层组、数据框等的合理组织可以形成一幅完整的地图。ArcMap 的显示区提供了数据视图和版面视图两种地图视图方式。图层中的要素可以采用不同的方法进行符号化显示；通过控制图层的比例尺范围来限定图层的显示尺度，可以使地图在不同尺度下都能够做到主次清晰。

实验方法：认识 ArcMap 界面中各功能区的不同作用；对图层、图层组、数据框进行相关的操作以理解地图的组织形式和空间数据的显示方法；对图层进行符号化和比例尺设置，以控制空间数据的显示。

四、实验设备与数据

（1）实验设备：计算机。

（2）主要软件：ArcGIS Desktop。

（3）实验数据："实验 05"文件夹下的相关数据。

五、实验步骤

1. 认识 ArcMap 界面

双击 Greenvalley 文件夹中的"Greenvalley.mxd"，打开该地图文档，认识地图中的标题条、菜单条、工具条（可随意浮动贴边）、内容表（或称目录表）、显示区、状态栏等界面要素（图 5.1）。

2. 认识两种视图方式

单击显示区左下角的数据视图（Data View）图标，以数据方式显示地图（图 5.1）；单击版面视图（Layout View）图标，以页面布局的方式显示地图。

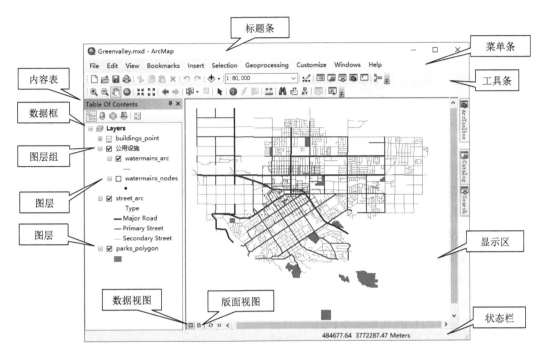

图 5.1　ArcMap 界面

3. 认识内容表（**Table of Contents, TOC**）

1）数据框（Data Frame）

数据框是一张地图的基本组织单位；一张地图上可以同时存在多个数据框；当前操作的数据框为活动数据框。

（1）点击菜单【Insert】→【Data Frame】，在内容表中添加一个新的数据框。

（2）将 Layers 数据框中的任一图层复制至新的数据框中。

（3）右击 Layers 数据框，点击【Activate】，使其成为活动数据框。在数据视图下，观察右侧显示区的显示变化。

（4）在 Layout View 中，重新布局两个数据框。选中某一数据框，可观察到左侧内容表中对应的数据框的名字被加粗显示。

（5）分别点击 Data View 和 Layout View 视图图标，注意观察显示区中的数据变化。

2）图层（Layer）

图层有两种存在形式：一是作为地图文档（*.mxd）的一部分；二是以图层文件（*.lyr）单独存在。图层的作用在于定义和保存图层显示的颜色符号系统及数据源等信息。

（1）右键单击图层 street_arc，选择"Save As Layer File…"，将其保存为图层文件 street_arc.lyr。

（2）右键单击新建的数据框（NewDataFrame），选择"AddData…"，将上一步新建的图层文件 street_arc.lyr 加入该数据框。

（3）右键单击 street_arc 图层，选择"Properties…"，打开属性对话框，选择 Source 标签，了解该图层所引用的数据（Data Source）及其相关信息，认识数据和图层之间的关系。

3）图层组（Group layer）

图层组是多个图层的组合体，多用于同类图层之间组合，便于设置其共同的属性，必要时可将图层组解散。

（1）利用 Ctrl 键和鼠标选中两个以上的图层，右击，在弹出的菜单中点击【Group】，生成新的图层组。

（2）右键点击新建的图层组，选择"Ungroup"，即可解散图层组。

4）内容表的管理

（1）内容表中的要素有四种不同的显示方式：按绘图顺序显示（List By Drawing order ）、按数据源显示（List By Source ）、按可见性显示（List By Visibility ）、按选择显示（List By Selection ）。依次点击内容表上方的这四个标签，比较四种显示方式之间的差异。

（2）图层（组）的基本操作：图层的开关（勾选或取消勾选图层左边的复选框）；图层的顺序调整（在 List By Drawing order 标签下上下拖移图层）；重命名图层（单击图层名两次，两次点击之间有一定时间间隔）；移除图层（右击图层，选择"Remove"）。

5）地图文档

点击菜单【File】→【Save As…】，将当前地图文档另存至"实验 05"文件夹中。

地图文档的文件形式为*.mxd。它并不存储显示的数据，而仅仅存储对图层（组）及数据框的组织，以及图层中对数据源的引用信息及其他的一些相关信息，如图名、注记、比例尺、指北针、显示符号样式等。若数据源位置发生改变，则图层不能正确显示，其表现特征为图层名称前有一个红色的叹号，此时需要重设数据源（修改图层的数据源）：右键单击红色叹号所在的图层，选择"Properties…"，打开图层属性对话框（或直接双击该图层），在 Source 标签下设置正确的数据源（Set Data Source…）。

为避免数据或地图文档存储移动等引起的数据源错误，建议在一般情况下将地图按相对路径保存（图 5.2）：在菜单栏上依次点击【File】→【Map Document Properties…】，在打开的对话框下方的 Pathnames 后，勾选"Store relative pathnames to data sources"，点击【确定】后再次保存地图文档。

关闭地图文档，修改数据的路径名称（如将"实验 05"改为"实验 051"等），再次双击打开以上的地图文档，可以发现尽管数据所在的路径发生了变化，但因为数据与地图文档的相对路径未发生变化，所以仍然能够正确浏览地图文档中的各个图层。

4. 地图的显示

（1）右击任一工具条，单击【Tools】，打开 Tools 工具条，采用该工具条上的放大、缩小、移动、全图显示、固定比例放大、固定比例缩小、前一视图、后一视图等工具对地图进行浏览。

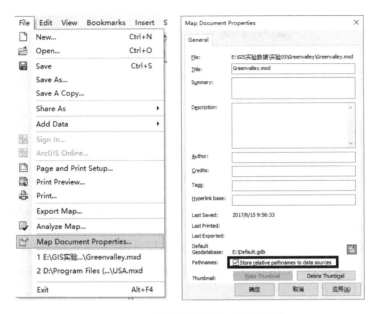

图 5.2 设置地图文档按相对路径保存

（2）使用书签：用放大工具放大某一局部区域，然后点击菜单【Bookmarks】→【Create Bookmark…】，将当前显示区的窗口范围设定为书签，给书签命名（如东城区）。当窗口范围移动到其他区域时，通过直接点击 Bookmarks 菜单下的书签名，可将视图范围恢复到书签所定义的窗口范围。

（3）放大镜和全景图窗口：在数据视图下，分别点击菜单 Windows 下的"Overview"、"Magnifier"、"Viewer"，使用全景窗口、放大镜窗口、鹰眼窗口显示数据。

5. 图层的符号化

（1）右键单击某一图层，选择"Properties…"，打开 Layer Properties 对话框，点击 Symbology 标签，采用不同的符号化方法对图层进行定性或定量的符号化（图 5.3）。

（2）在 Layer Properties 对话框中，双击图层符号或直接在内容表中双击已有的图层符号，打开 Symbol Selector 对话框，对图层中的要素进行符号更改或创建新的符号（图 5.4）。

6. 设置图层显示的比例尺范围，以控制图层在一定的比例尺范围内显示

（1）右键单击图层，点击【Visible Scale Range】，选择"Set Minimum Scale"，将当前的比例尺设置为最小比例尺，即当地图进一步缩小时，图层将不再可见；将图层放大，右键单击图层，点击【Visible Scale Range】，选择"Set Maximum Scale"，将当前的比例尺设置为最大比例尺，即当地图进一步放大时，图层将不再可见；选择" Clear Scale Range"即可取消以上设置 [图 5.5（a）]。

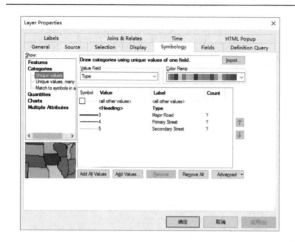

图 5.3　Layer Properties 对话框

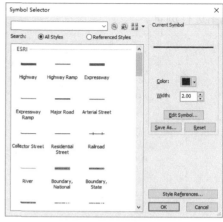

图 5.4　Symbol Selector 对话框

（2）也可通过以下方式设置图层显示的比例尺范围：右击图层，选择"Properties…"，打开图层属性（Layer Properties）对话框，在 General 标签下的 Scale Range 中设置比例尺范围 [图 5.5（b）]。

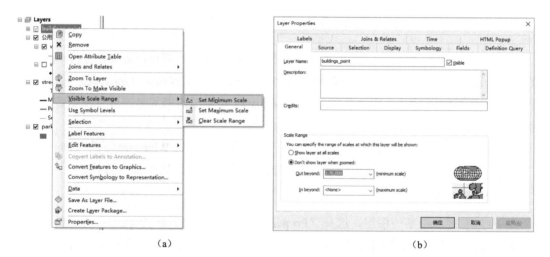

（a）　　　　　　　　　　　　　　　　（b）

图 5.5　设置图层比例尺范围的两种方式

六、实验说明

在 ArcMap 中对空间数据的显示设置方法还有很多，本实验只对最基础的一些方法进行了介绍，有兴趣的读者可以通过帮助文档或其他途径进行拓展学习。

实验 6　ArcCatalog 中空间数据的操作

一、实验目的

了解 ArcCatalog 中空间数据的基本操作。

二、实验内容

在 ArcGIS 的 ArcCatalog 不同视图模式下，浏览空间数据，认识 ArcGIS 支持的不同数据格式，掌握不同类型数据的操作，熟悉目录连接的建立和网络服务器的连接。

三、实验原理与方法

实验原理：ArcGIS 支持多种不同格式的空间数据，并可以根据需要将这些数据与目录和网络服务器进行连接；ArcCatalog 是 ArcGIS 软件的重要组成部分，主要用于浏览、组织、分发、记录各种空间数据。

实验方法：在 ArcGIS 的 ArcCatalog 环境下，对不同格式的数据进行一系列操作。

四、实验设备与数据

（1）实验设备：计算机。

（2）主要软件：ArcGIS Desktop。

（3）实验数据："实验 06"文件夹下的相关数据。

五、实验步骤

1. 熟悉 ArcCatalog 界面

打开 ArcCatalog，浏览其界面，认识标题条、菜单条、工具条、地址条、目录树、显示区等组成部分，比较该界面与 ArcMap 的界面、资源管理器的界面之间的差异（图 6.1）。

2. 了解浏览数据的三种视图方法

（1）在目录树中选择 Yellowstone 文件夹，点击显示区左上方的内容标签 Contents，认识该文件夹中的不同类型数据。

（2）分别点击标准工具条上的大图标（Large Icons）⁣⁣、列表（List）⁣⁣、详细资料（Details）⁣⁣、缩略图（Thumbnail）按钮⁣⁣，以不同方式浏览数据。

（3）在目录树上选中 Yellowstone 文件夹下的 boundary 数据，点击显示区左上方的预览标签 Preview，预览该数据。

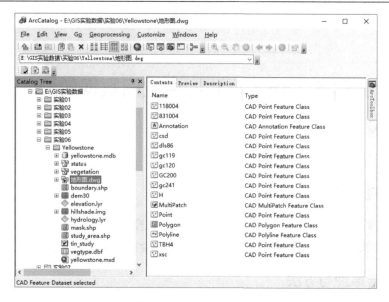

图 6.1　ArcCatalog 界面

（4）点击显示区左下方的预览方式（Preview）下拉列表框，将其从 Geography 改为 Table（除 Geography、Table 外，对于某些特定数据，还可能有 3D、Globe view 等方式），浏览该数据的属性表。

（5）点击显示区左上方的元数据标签 Description，浏览该数据的元数据信息。

3. 了解 ArcGIS 支持的常用数据格式

ArcGIS 可以无缝支持 ESRI 的所有数据格式：Shapefile、Coverage、Geodatabase 及 ArcIMS 提供的数据，还支持三种最常用的 CAD 数据格式（dxf、dwg、dgn），从而减少因数据转换而带来的误差。

1）Shapefile 数据

Shapefile 是一种最基本的、开放的矢量数据标准格式，它能够保存单一要素类型的几何位置及相关属性。该类数据至少由以下三个文件组成：*.shp 用于保存要素的几何实体，*.shx 用于保存几何实体索引，*.dbf 用于保存要素的属性信息。除了以上三个文件之外，Shapefile 还可以有其他文件的支持，以优化访问数据库的性能。*.sbn 和*.sbx 保存实体的空间索引，*.fbn 和*.fbx 保存只读实体的空间索引，*.ain 和*.aih 保存列表中活动字段的属性索引，*.prj 保存坐标系统信息，*.shp.xml 保存 Shapefile 的元数据。打开 Windows 资源管理器，浏览数据 boundary 所具有的文件（文件主名相同但扩展名不同），了解不同文件的功能。

2）Coverage 数据

Coverage 格式是 ArcInfo 自身的矢量格式，它是由一种或几种要素类组成的集合并包含独立存储属性的 Info 表格，定义了拓扑关系作为要素属性表的一部分。Coverage 以文件夹的形式存储于工作空间中，Info 目录存储和管理工作空间中所有 Coverage 的 Info

属性表。ArcGIS 9 以后的版本中不允许对 Coverage 数据进行直接编辑,若需编辑,应将其转换为其他可编辑的格式。分别在 ArcCatalog 和 Windows 资源管理器中,浏览 states、vegetation 两个 Coverage 数据文件,了解其文件构成,并注意观察多个 Coverage 数据共用 Info 文件夹。

3)Geodatabase 数据

Geodatabase 数据格式是 ArcGIS 自身的数据格式之一,它有三种形式:Personal Geodatabase、File Geodatabase、ArcSDE Geodatabase。Geodatabase 的每一个要素类(Feature Class)仅存储一个单一的要素类型(如点、线或面),但只要有同一坐标系统,就可以将多个要素类,特别是要素性质相近的组成一个要素集(Feature Dataset)(如将铁路、公路、车站等要素类组成交通数据集)。要素集可存储拓扑关系并可以被编辑。

(1)在 ArcCatalog 中,右击目标文件夹 Yellowstone,点击【New】→【File Geodatabase】,新建一个 File Geodatabase,并命名。

(2)右击新建的 File Geodatabase,点击【New】→【Feature Dataset...】,新建一个要素数据集,对其重命名,并设置或引入坐标系统。

(3)右击新建的要素数据集,点击【New】→【Feature Class...】,新建一个要素类,对其命名,并设置其要素类型(图 6.2)。

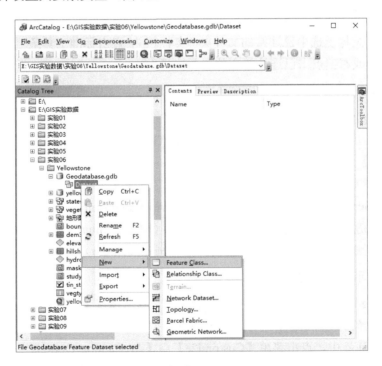

图 6.2　新建 Feature Class

(4)在 Windows 资源管理器中,比较新建的 File Geodatabase 与"实验 06"文件夹中已有的 Personal Geodatabase(Yellowstone.mdb)之间的文件差异。

4）CAD 数据格式

在 ArcCatalog 中可以直接浏览 CAD 格式的数据（dxf、dwg、dgn）。在 ArcCatalog 的目录树中选择"地形图"中的要素，在显示区中点击 Preview 标签，浏览该数据。

5）栅格数据

ArcGIS 除了支持 grid、img 等常用的栅格数据格式外，还支持其他一些图像格式，如 tiff、bmp、jpeg、gif、png 等。在 ArcCatalog 的目录树中分别选择 dem30、hillshade 数据，在显示区中点击 Preview 标签，浏览这些栅格数据；然后在显示区下方的 Preview 方式中选择 Table，理解栅格数据属性表中各字段的含义。

6）其他数据

ArcGIS 除了支持空间数据，还支持一些非空间数据，如 Excel 数据、dbf 数据、txt 文件等。浏览 Yellowstone 文件夹下的"数据说明.txt""各地区年末人口数.xls" "vegtype.dbf"等数据。

4. 建立目录连接（Connect to Folder）

将本机上的任一目录或网络计算机上的目录连接到 ArcCatalog 目录树上，方便对数据的浏览和使用。

（1）在 ArcCatalog 中，点击标准工具条上的"Connect To Folder"按钮，按路径选择"实验 06"文件夹，点击确定，可以看到该文件夹已连接到目录树中。

（2）在目录树上选中已连接的文件夹"实验 06"，点击标准工具条上的"Disconnect Folder"按钮或右键点击已连接的文件夹并选择"Disconnect Folder"，即可取消该连接。

5. 连接 GIS 服务器

ArcCatalog 允许用户连接到网络上的 GIS 服务器上，并对数据进行利用或管理。

（1）双击展开 ArcCatalog 目录树下方的 GIS Servers，并再次双击其下的【Add ArcGIS Server】。

（2）选择 Use GIS Services 单选框，点击【下一步】。

（3）在 ServerURL 文本框中输入 http://services.arcgisonline.com/arcgis/services，点击【Finish】，完成对 ESRI 的 GIS 服务器的添加（前提是 Internet 需要连通）。

（4）对新添加的 GIS 服务器中的资源进行浏览（图 6.3）。

6. 设置显示数据的类型与信息

ArcCatalog 并不将磁盘上的所有文件列出来，默认情况下只列出地理数据文件，用户可以自行选择在 ArcCatalog 进行显示的数据类型。

在 ArcCatalog 中，点击菜单【Customize】→【ArcCatalog Options...】，打开选项设置对话框，点击 File Types 标签，在其列表框右侧点击【New Type...】，新建需要显示的数据类型（图 6.4）。

当需要知道数据大小、修改时间等信息时，则可以点击选项设置对话框中的 Contents 标签，在其第一个列表框中选中 Size、Modified 等选项（图 6.5）。

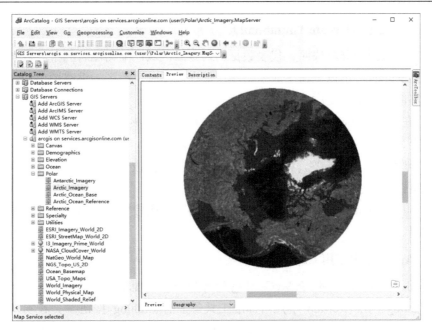

图 6.3　通过 GIS 服务器浏览北冰洋影像数据

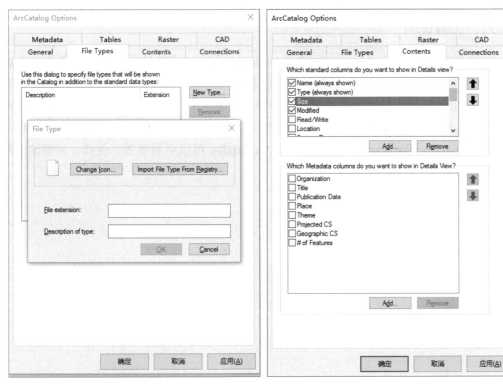

图 6.4　新建需要显示的数据类型　　　　　　图 6.5　选择需要显示的数据信息

7. 创建缩略图（Create Thumbnail）

缩略图是数据的屏幕快照，代表数据的内容或区域；缩略图有利于对数据的快速浏览；当数据变化时，可以重新生成缩略图；保存地图时，地图的缩略图自动生成；图层文件的缩略图必须手动完成。

（1）在 ArcCatalog 目录树中选择"实验 06"文件夹下的"boundary"数据，点击显示区左上方的 Contents 标签，浏览该数据的缩略图。

（2）点击 Preview 标签，将显示区的数据进行局部放大或缩小，点击工具条上的创建缩略图按钮，生成新的缩略图。

（3）点击 Contents 标签，观察新建的缩略图，比较其与原缩略图的差异，理解缩略图的作用。

8. 在 ArcMap 中使用 Catalog

ArcGIS 10 以上的版本将 ArcCatalog 的部分数据管理功能整合到 ArcMap 中，工具名称为 Catalog。在 ArcMap 中点击标准工具条上的 Catalog 按钮，在窗口右侧打开 Catalog 窗口，其内容主要为 ArcCatalog 的目录树，该窗口同样可以实现数据的添加、删除等数据管理任务，可以更为方便地向 ArcMap 中加载数据。

六、实验说明

（1）空间数据格式是认识空间数据的基础，不同格式的数据之间经常需要相互转换，本实验旨在认识 ArcGIS 支持的不同数据格式，格式的转换将在后续实验中进行介绍。

（2）由于空间数据的文件组织方式多样且复杂，因此一般建议采用 ArcCatalog 等专用的数据管理工具而不采用系统的文件管理工具（如资源管理器）来管理空间数据，尤其是 Shapefile、Coverage 等数据。采用 ArcCatalog 可以更为高效、便捷、完整地实现空间数据的管理。

实验 7 元数据的浏览与编辑

一、实验目的

浏览元数据，认识元数据的地位和作用，掌握元数据的编辑、输入与输出方法。

二、实验内容

在 ArcGIS 环境下，掌握查看元数据的不同方法，浏览元数据的各项内容及其来源，采用不同的样式对元数据进行显示并比较各样式的差异，对元数据进行编辑并保存，实现元数据的输出、输入等操作。

三、实验原理与方法

实验原理：元数据是"关于数据的数据"。ArcCatalog（或 Catalog）显示区的 Description 标签下列出了元数据的各项内容。元数据工具条可以控制元数据的显示、编辑、输入与输出。

实验方法：在 ArcCatalog（或 Catalog）中，采用不同的样式对元数据进行显示，浏览元数据的各项内容，并采用元数据编辑器对元数据进行编辑，输出、输入元数据。

四、实验设备与数据

（1）实验设备：计算机。

（2）主要软件：ArcGIS Desktop。

（3）实验数据："实验 07"文件夹下的相关数据。

五、实验步骤

1. 查看元数据

（1）通过目录窗口查看元数据：在 ArcMap 中打开 Catalog，在其目录树中找到 lakes 数据（…/实验 07/Yellowstone.mdb/water/lakes），右键单击该数据，选择"Item Description…"（图 7.1），打开项目描述对话框，该数据的元数据即显示在 Description 选项卡中（图 7.2）。此时，如果点击 Catalog 中的任意其他数据，其元数据会立即显示在项目描述对话框中。

（2）在 ArcCatalog 中查看元数据：打开 ArcCatalog，在左侧的目录树中选择 lakes 数据，在右侧的显示窗口中选择 Description 选项卡，即可看到该数据的元数据（图 7.3）。

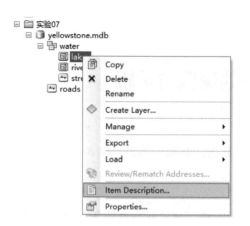

图 7.1　打开项目描述对话框　　　　　　　　图 7.2　项目描述对话框

图 7.3　在 ArcCatalog 中查看元数据

（3）通过内容表窗口查看元数据：打开 ArcMap，加载数据"lakes"，在内容表中右键点击该数据，依次选择【Data】→【View Item Description…】（图 7.4），打开的对话框即为该数据的元数据（图 7.5）。

2. 认识元数据的简单描述

用以上任何一种方法打开元数据后，浏览元数据，了解元数据的基本内容，包括元数据中关于数据的标题、缩略图、标签（Tags）、概要（Summary）、描述（Description）、制作者（Credits）、使用限制（Use limitations）、空间范围（Extent）、比例尺范围（Scale

Range）等方面的基本信息。

图 7.4　通过内容表查看元数据　　　　　图 7.5　数据源项目描述窗口

以上所见的元数据是在默认的 Item Description 元数据样式下可用于查看和编辑的一组简单元数据属性。当使用此样式编辑元数据时只有一个信息页面可用。此样式的设计是为了方便地提供 ArcGIS 使用的信息。Item Description 元数据样式简单有效，适合任何不需要遵守特定元数据标准的用户。

3. 采用不同的样式浏览更多的元数据

如果在除 Item Description 页面所提供的信息之外还想获取更多的数据信息，或者必须创建符合元数据标准的元数据，则应选择其他元数据样式。

打开 ArcCatalog，依次点击菜单【Customize】→【ArcCatalog Options…】，选择 Metadata 标签，在 Metadata Style 下拉菜单中选择除 Item Description 之外的样式并单击【确定】。在 Description 标签下选择新的元数据样式时，不会立即看到更改的结果。单击其他选项卡（如 Preview），然后切换至 Description 选项卡，新的元数据样式才会生效。除默认样式 Item Description 之外的所有样式都可以访问数据的完整 ArcGIS 元数据，它们的样式相似：在页面的顶部显示了同样内容的简要描述，简要描述的下面是对 ArcGIS 元数据、FGDC 元数据的介绍。单击【编辑】时，将在编辑器的内容列表中看到若干可以为数据提供完整元数据内容的页面。

（1）ArcGIS 元数据。将元数据页面向下滚动可以看到 ArcGIS Metadata 标签，ArcGIS 元数据是在当前版本的 ArcGIS 中创建的元数据。若元数据中某元素的名称或值旁边标有星号(*)，表明 ArcGIS 会根据数据的内在属性在元数据中自动更新该值（图 7.6）。

（2）FGDC 元数据。单击 ArcGIS Metadata 标题即可收起该标签中的内容。在页面下方可以找到 FGDC Metadata 标签，单击此标签展开其中的内容并查看。

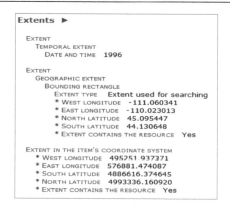

图 7.6　标有星号的元数据项

在 ArcCatalog Options 的 Metadata 标签下，更改元数据样式，查看采用不同样式下元数据的不同表达方式。

4. 元数据的编辑

打开 ArcCatalog，在左侧的目录树中选择 lakes 数据，在右侧的 Description 标签下，单击【Edit】，即可使元数据处于编辑状态（图 7.7）。然后对元数据中的标题、概要、描述、显示比例尺等项目的内容进行增添、删除或修改。编辑完毕后点击窗口上方的保存按钮🖫 Save，保存并退出编辑。再次浏览元数据，找出所做编辑的部分。

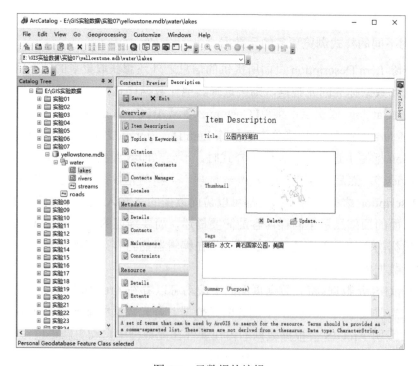

图 7.7　元数据的编辑

5. 元数据的输出与输入

（1）输出元数据：在 ArcCatalog 中，依次点击菜单【Customize】→【Toolbar】→【Metadata】，打开元数据工具条，点击该工具条上的 Export Metadata 按钮，打开元数据输出工具，先设置元数据的源文件和转换器（Item Description 样式下，转换器需要手工设置；其他样式下，与该样式相匹配的转换器会自动添加），然后设置元数据的保存路径与名称，最后点击【OK】即可完成元数据的输出（图 7.8）。

图 7.8　输出元数据

（2）输入元数据：在 ArcCatalog 的目录树中，单击选中 streams 数据，在窗口右侧的 Description 标签下，点击 Import 按钮，选择元数据源，为 streams 数据输入元数据（图 7.9）。

图 7.9　输入元数据

六、实验说明

（1）并非所有数据的元数据中都包含 FGDC 元数据。FGDC 元数据是在 ArcGIS 9.3 或更早的版本中使用 FGDC 元数据编辑器创建的，也可能是在当前版本的 ArcGIS 中使用 FGDC 元数据编辑器加载项创建的，或者是没有使用 ArcGIS 而作为独立的 XML 文件创建的。此外，部分数据的元数据还包含独立元数据 XML 文件、文件夹的 HTML 元数据等内容。读者可以从帮助文档（ArcGIS Desktop Help）中了解更多关于元数据内容的知识。

（2）输出的元数据文件不能存储在地理数据库中。

实验 8　空间数据扫描矢量化

一、实验目的

掌握空间数据的扫描矢量化输入方法。

二、实验内容

配准扫描图件，采用不同的矢量化方法进行空间数据的输入。

三、实验原理与方法

实验原理：矢量化是指将栅格数据转换为矢量数据的过程。对纸质图件进行扫描可以生成栅格数据，对扫描文件进行空间配准后，可以采用屏幕直接矢量化、全自动矢量化、跟踪矢量化等多种方式，将要素转换为矢量数据。ArcGIS 中提供了 ArcScan 扩展模块，用于对空间数据进行扫描矢量化。

实验方法：先将已有的纸质地图进行扫描，然后将扫描图进行配准，最后在 ArcGIS 的 ArcScan 环境下对扫描图像进行矢量化。

四、实验设备与数据

（1）实验设备：扫描仪、计算机等处理设备。

（2）主要软件：扫描程序、ArcGIS Desktop、Photoshop 或其他图像处理软件。

（3）实验数据："实验 08"文件夹中提供的"扫描图.img"或任一纸质地图。

五、实验步骤

1. 图件扫描（若采用"实验 08"中的扫描图像，则跳过本步直接进入第 2 步）

（1）配置扫描仪与计算机之间的连接。

（2）将纸质图件放入扫描仪指定的位置，设置保存路径、图像格式、分辨率等参数，启动扫描程序开始扫描。

（3）在 Photoshop 或其他图像处理软件中，将扫描后的图像转换成灰度图像（或直接在上一步中将图像扫描为灰度图像），图像格式建议采用 Image。

（4）在 ArcCatalog 或其他图像处理软件中，浏览、分析图像，确定矢量化的数据分层方案。

2. 图像配准

（1）打开 ArcMap，加载"实验 08"中的"扫描图.img"数据（或其他扫描图像），依次点击菜单【Customize】→【Toolbars】→【Georeferencing】（或右键点击任一工具条或菜单条，在弹出的浮动菜单中选择 Georeferencing），打开 Georeferencing 工具条，将操作目标设置为需要配准的扫描图。

（2）点击 Tools 工具条上的放大按钮🔍，拉框放大扫描图左上角的公里网交点（本次配准选择四条公里线的四个交点为控制点，即图 8.1 中圈记的四个点），点击 Georeferencing 工具条上的添加控制点按钮✛，将鼠标移动到该交点并点击，将其作为控制点的源点；移动鼠标至任意其他位置并单击鼠标右键，在弹出的菜单列表中选择 Input X and Y...，在对话框的相应位置输入该控制点的目标点 X、Y 坐标（由扫描图上的坐标标注可知该点的目标坐标为（36464000，3289000）），单击【OK】。

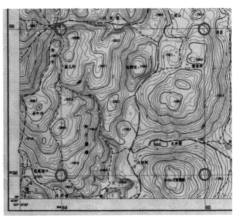

图 8.1 控制点选取

（3）在自动校正（【Georeferencing】→【Auto Adjust】被勾选）模式下，上一步完成后显示区的数据将按新的坐标移动到新的位置，此时显示区的数据"消失"。右键点击内容表中的"扫描图.img"图层，选择"Zoom to Layer"，则右侧显示区中将再次出现该图层的数据。仔细观察数据会发现，其坐标已发生变化（右下角状态栏中的坐标值）。

（4）采用相同的方法依次对右上角（36465000，3289000）、左下角（36464000，3288000）、右下角（36465000，3288000）的控制点进行配准。

（5）在 Georeferencing 工具条上，点击 View Link Table 按钮▥，打开控制点的连接表格，检查各控制点坐标输入是否正确，检查配准的残差。在 Transformation 下拉框中选择不同的转换方法，观察残差的变化，选择残差最小的转换方法。若残差符合相关要求，则关闭表格。

（6）在 Georeferencing 工具条上，依次点击【Georeferencing】→【Update Georeferencing】，更新几何参考，以完成对该扫描图的空间坐标配准。或点击【Georeferencing】→【Rectify...】，可将数据另存为不同的格式或不同的名称。

（7）定义投影。关闭 ArcMap。在 ArcCatalog 中打开 ArcToolbox，依次点击【Data Management Tools】→【Projections and Transformation】→【Define Pojection】，打开定义投影工具，输入"扫描图.img"数据，单击坐标系统（Coordinate System）文本框右侧的按钮，在弹出的对话框中依次选择【Projected Coordinate Systems】→【GaussKruger】→【Xian_1980】→【Xian_1980_3_Degree_GK_Zone_36】，单击【OK】，为扫描图定义投影（图 8.2）。也可采用以下方式为该数据定义投影：在 ArcCatalog 的目录树中，右键点击该数据，选择"Properties..."，在打开的栅格数据属性对话框内的 General 标签下，点击 Spatial Reference 右侧的 Edit 按钮，在打开的对话框中为数据定义投影。

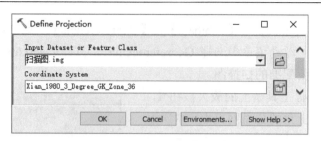

8.2 定义投影工具

3. 点要素的矢量化

（1）在 ArcCatalog 中创建新的 Shapefile（或 Geodatabase）点文件。右键点击"实验 08"文件夹，选择【New】→【Shapfile...】，新建一个 Shapfile 的点文件：先选择要素类型为 Point，并命名（如"pt"），然后点击右下方的 Edit 按钮，为该文件选择投影（与图像的投影一致，即 Xian_1980_3_Degree_GK_Zone_36）。

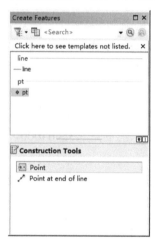

（2）打开 ArcMap，依次加入扫描的图像文件及上一步生成的点文件。

（3）打开 Editor 工具条（点击标准工具条上的 Editor 按钮），在该工具条上依次点击【Editor】→【Start Editing】以启动编辑。

（4）点击 Editor 工具条最右侧的创建要素按钮，在右侧打开的 Create Features 窗口中，先在上方选择图层 pt，然后在下方的 Construction Tools 列表中选择"Point"（图 8.3），此时可用鼠标对图上的点要素（如高程点）进行逐个点击，生成点数据，完成点的矢量化。

（5）在 Editor 工具条上依次点击【Editor】→【Stop Editing】，保存并停止编辑。

图 8.3 Create Features 窗口

4. 线要素的矢量化

1）新建线数据并加载

采用与新建 Shapfile 点文件类似的方式在"实验 08"文件夹中新建一个 Shapfile 线文件（可命名为 line，类型选择 Polyline，设置与图像相同的投影），并将其加入 ArcMap 之中，重新启动 Editor 工具条上的编辑功能。

2）将图像以二值化的方式显示

右键点击"扫描图.img"图层，选择"Properties..."，打开 Layers Properties 对话框（图 8.4），选择 Symbology 标签，在 Show 列表框中选中"Classified"，然后将右侧 Classification 框中的 Classes 设置为 2（即分为两类），点击【Classify...】，调整灰度直方图上的分类界线，设置适当的分类值（Break Values），将数据分为前景和背景，前景是需要矢量化的要素，要求前景的线要素清晰并尽可能连续。分类前，建议使用 Tools 工具条上的 Identify 按钮 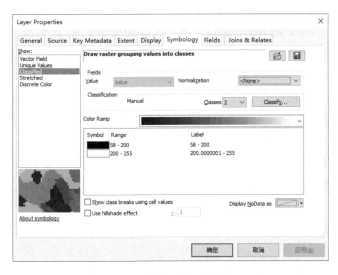查询数据中的线与背景值之间的值域范围，以此作为二值化显示的依据。

图 8.4　扫描数据的二值化显示

3）打开矢量化工具条 ArcScan

先点击菜单【Customize】→【Extension...】，勾选"ArcScan"以启动该扩展模块，关闭当前对话框。然后依次点击菜单【Customize】→【Toolbars】→【ArcScan】，打开 ArcScan 工具条（图 8.5）。

图 8.5　扫描矢量化工具条 ArcScan

4）对图像进行预处理

在 ArcScan 工具条上，将操作对象设置为待处理图像"扫描图.img"，点击 Raster Cleanup，在其下拉菜单中选择"Start Cleanup"，并再次点击该菜单上的"Raster Painting Toolbar"，打开 Raster Painting 工具条，利用该工具条上的相关工具对图像进行预处理（如清除噪声、连接断线等）。

5）矢量化环境设置

点击 ArcScan 工具条上的"Vectorization"，在其下拉菜单中选择"Vectorization Settings..."，在弹出的对话框中可进行矢量化设置。

6）矢量化预览

在 ArcScan 工具条上依次点击【Vectorization】→【Show Preview】，再次点击则取消预览。

7）进行矢量化

在 Create Features 窗口中，选中新建的线图层即可将其设为编辑对象，分别按以下方式对线要素（如等高线）进行矢量化，并比较各种方式之间的差异。

（1）直接在 Create Features 窗口下方的 Construction Tools 列表中选择"Line"，然后利用鼠标沿线逐个采点形成线，即屏幕矢量化（在没有 ArcScan 工具、无需图像二值化显示的情况下，也可进行屏幕矢量化）。

（2）全自动矢量化：在 ArcScan 工具条上依次点击【Vectorization】→【Generate Features...】，在对话框中将线设为模板（Template），点击【OK】，将所有的线要素自动矢量化。

（3）跟踪矢量化：先在 ArcScan 工具条上点击 Vectorization Trace 按钮，然后在某条线上点击确定矢量化的起点，再根据箭头方向逐步指示矢量化的方向，最后双击结束矢量化。

（4）在选择的区域内进行矢量化：在 ArcScan 工具条上点击 Generate Features Inside Area 按钮。

（5）在两点之间矢量化：在 ArcScan 工具条上点击 Vectorization Trace Between Points 按钮。

（6）对选定的对象进行矢量化：点击工具条上的 Cell Selection 等像元选择按钮，采用不同的像元选择方式选择像元，并对选定的像元进行矢量化。

5. 保存并浏览数据

在 Editor 工具条上依次点击【Editor】→【Save Edits】或【Stop Editing】并保存。关闭 ArcMap，打开 ArcCatalog，依次点击菜单【View】→【Refresh】，刷新数据所在的文件夹，然后在目录树中找到矢量化生成的数据并浏览。

六、实验说明

（1）在图像配准过程中，输入控制点横坐标时，可以不必输入带号"36"，即横坐标的前两位数字，但在其后定义投影时，应选择 Xian_1980_3_Degree_GK_CM_108E 坐标系统。

（2）利用 ArcScan 进行矢量化时应注意以下三个条件是否具备：①新建矢量数据并加入 ArcMap 中，并在 Editor 工具条下启动编辑；②待矢量化的图像以二值化的形式显示；③激活 ArcScan 扩展模块（【Customize】→【Extension...】，勾选"ArcScan"），并打开 ArcScan 工具条。

（3）虽然 ArcScan 支持不同格式栅格数据的矢量化，但实际应用中会发现，不同版本的 ArcGIS、不同格式的图像，ArcScan 在矢量化过程中可能会出现不能跟踪矢量化、不能进行栅格清除等操作。解决的方案有两种：一是利用 ArcToolbox 中的转换工具 Raster To Other Format 或其他软件的格式转换工具，将图像转换成其他格式（如 Grid、Tiff 等）

再矢量化；二是更换其他版本的 ArcGIS。

（4）若扫描图像为彩色的多波段图像，则只需针对其中的某一波段进行数据加载及图像二值化。

（5）矢量化过程中，有些快捷键可以提高矢量化的效率：Z——放大；X——缩小；C——移动；S——手工加点；F2——结束矢量化；Ctrl+Z——回退（Undo）；鼠标中键短按——手工移动；鼠标中键长按——鼠标移动。

实验 9　从谷歌地球中采集数据

一、实验目的

认识谷歌地球（Google Earth，GE），了解 KML（Keyhole Markup Language）、KMZ 数据格式，掌握在谷歌地球中采集各类矢量数据的方法，学会将其转换成 ArcGIS 所支持的数据格式。

二、实验内容

利用谷歌地球中丰富的遥感数据，从中获取点、线、面等矢量数据，并在 ArcGIS 中利用 ArcToolbox 的转换工具，将这些数据导入 ArcGIS 中。

三、实验原理与方法

实验原理：谷歌地球是一款谷歌公司开发的虚拟地球仪软件，可以在电脑、手机等多种平台上使用。它依托海量的影像数据库，把卫星影像、航空照片和 GIS 布置在一个地球的三维模型上，让用户可以从不同的角度，浏览不同时期、不同卫星、不同分辨率的遥感数据。结合三维地形，用户可以获得较为真实的地理场景体验。目前，很多普通用户都把谷歌地球作为获取空间数据的重要手段。

KML 是基于 XML 开发的一种文件格式，用于描述和保存地理信息数据（如点、线、面、图像等）的编码规范，可以被 Google Earth 和 Google Maps 识别并显示，是由开放地理空间联盟（Open Geospatial Consortium, Inc., OGC）维护的国际标准。KML 是纯粹的 XML 文本格式，可用记事本打开编辑，文件很小，非常利于 Google Earth 应用程序的开发。KML 与 XML 文件最大的不同就是 KML 描述的是地理信息数据。KMZ 是经过 ZIP 格式压缩过的 KML 文件，不仅能包含 KML 文本，也能包含其他类型的文件，如影像等，是 GE 默认的地标存储与交流格式。KML、KMZ 数据格式可以与 ArcGIS 等地理信息系统软件的数据格式进行交互。

实验方法：首先在谷歌地球中创建文件夹，并在其中分别创建地标、路径、多边形；然后在谷歌地球的浏览区中分别获取感兴趣的点、线、面数据，将获取的数据另存为 KML 或 KMZ 格式；最后利用 ArcGIS 的转换工具将其转换为图层文件和 Geodatabase 数据。结合 FME 软件，利用 ArcGIS 的数据互操作工具直接读取 KML、KMZ 数据，找到存储点、线、面的图层，分别将其导出为 Shapefile 格式。

四、实验设备与数据

（1）实验设备：计算机。

（2）主要软件：ArcGIS Desktop、Google Earth、FME。

（3）实验数据：Google Earth 中的空间数据，以及"实验 09"文件夹下的相关数据，包括"西南大学.shp""重庆.shp"。

五、实验步骤

（1）打开 Google Earth，将当前视图调整到任何你所熟悉的区域（如你的家，你所在的学校、社区等，本实验以西南大学为例），右击左侧栏中"我的地点"，点击添加文件夹，命名为"西南大学"（图 9.1）。

图 9.1　在 Google Earth 中采集点、线和多边形数据

（2）采集点数据：右击"西南大学"文件夹，依次点击【添加】→【地标】，此时地图上出现一个黄色闪烁的方框地标，拖动地标，将其准确地放在西南大学 1 号门的位置，在弹出的属性窗口里输入名称"1 号门"，点击"样式/颜色"选项，将"标签"设为红色，"图标"设为绿色，点击【确定】完成第 1 个地标（点）数据的采集。用与上述相同的方法在"西南大学"文件夹中继续采集 2 号门、3 号门、5 号门、6 号门、8 号门等地标（后续添加的地标会继承前面的样式和颜色）（图 9.1）。

（3）采集线数据：右击"西南大学"文件夹，依次点击【添加】→【路径】，此时鼠标的光标变成一个空心的小白方框，将光标移动到某条道路的起点（如天生路），在影像上沿着该条道路依次逐个采点（或按住鼠标移动连续采点），采集完成后在弹出的属性窗口中输入道路名称（如天生路），点击"样式/颜色"选项，设置其颜色（如蓝色）和宽度（如 2），点击"度量单位"选项，将长度单位设为"千米"或"公里"。在采集数据的过程中，将鼠标移到线的节点上，光标变成手掌形状后，按住左键可移动节点来改变线的形状；选中节点后单击鼠标右键可以删除节点，从而实现对采集的数据的修改。按照同样方法采集更多的线要素（如兰海高速公路）（图 9.1）。

（4）采集面数据：浏览到某一多边形地物（如第 1 运动场），右击"西南大学"文件夹，依次点击【添加】→【多边形】，用光标沿该多边形地物的外面边界依次逐个采点（或按住鼠标移动连续采点），采集完成后在弹出的属性窗口中输入名称（如"第 1 运动场"）；点击"样式/颜色"选项，设置多边形边界线的颜色为黑色、线的宽度为 1，将面的颜色设为棕色、面的类型设为"填充+描绘轮廓"。按照同样方法采集更多的面数据（如第 2、3、4 运动场，中心体育馆等）（图 9.1）。

（5）保存数据：右键点击左侧栏上的"西南大学"文件夹，选择"将位置另存为…"，在弹出窗口将采集的数据按 KML 或 KMZ 格式进行保存。

（6）数据转换：启动 ArcMap 或 ArcCatalog，打开 ArcToolbox，依次点击【Conversion Tools】→【From KML】→【KML To Layer】，在弹出窗口中，输入上一步保存的 KML 或 KMZ 文件，设置输出数据的位置（文件夹）和名称，点击【OK】（图 9.2）。

图 9.2　将 KML、KMZ 转换为 ArcGIS 的数据格式

（7）浏览数据：在 ArcMap 或 ArcCatalog 中浏览数据，可以发现，转换之后生成了两个文件：一个是图层文件（西南大学.lyr）；另一个是 File Geodatabase（西南大学.gdb）。图层文件（.lyr）中保存了在 Google Earth 中要素的颜色和样式。Geodatabase 的 Placemarks

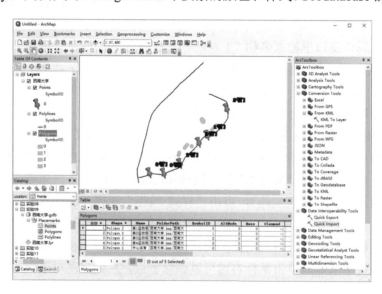

图 9.3　在 ArcMap 中浏览转换之后的数据

数据集中保存有采集到的点、线和多边形三个类型的数据要素。打开这些要素的属性表，可以找到采集数据时 KML（KMZ）文件的名称及路径等属性信息（图 9.3）。若有需要，可进一步将这些数据从 Geodatabase 转换为 Shapefile 等其他数据格式。

（8）利用 FME（Feature Manipulate Engine），也可以实现 KML（KMZ）数据的导入（前提是电脑安装了 FME，且在 ArcGIS 的【Customize】→【Extensions…】里，FME Extension for ArcGIS 已被勾选。未安装 FME 的读者可以略过此方法）。

方法一：依次点击【ArcToolbox】→【FME Interoperability Tools】→【Quick Import】，在弹出的 Quick Import 窗口中，点击 Input Dataset 右边的浏览按钮，在 Specify Data Source 对话框中，点击 Format 右边的浏览按钮，在弹出窗口左下角 Search 方框里输入 KML 搜索，然后点击【OK】；返回 Specify Data Source 对话框，点击 Dataset 右边浏览按钮，找到从谷歌地球中保存的 KML 文件（西南大学.kml），点击 Coord. System 右边浏览按钮，设置投影为"GCS_WGS_1984"，然后点击【OK】；返回 Quick Import 对话框，设置输出路径，然后点击【OK】（图 9.4）。

方法二：直接打开 ArcCatalog，点击下方的【FME Connections】→【Add FME Connection】，相关参数设置同方法一。此时会出现一个名为"Connection-西南大学OGCKML.fdl"数据集，可将其拖到 ArcMap 里，找到存储点（Placemark Point）、线（Placemark Line）、面（Placemark Polygon）的图层，分别将其导出为 Shapefile 格式。

图 9.4　利用 FME 导入 KML（KMZ）

（9）将矢量数据转换为 KMZ 文件。在 ArcMap 中，加载"实验 09"文件夹中的数据"西南大学.shp"（也可用"重庆.shp"或任何其他区域的矢量数据），打开 ArcToolbox，依次点击【Conversion Tools】→【To KML】→【Layer To KML】，打开 KML 转换工具，在 Layer 下拉框中选择"西南大学"图层，输出数据可命名为"西南大学范围.kmz"，其他参数采用默认值，单击【OK】（图 9.5），将 ArcMap 中的图层转换为 KMZ 文件。因为 Layer To KML 工具的输入数据为图层文件，所以若在 ArcCatalog 中采用该工具进行转换，需要提前将数据保存为图层文件后再对其进行转换。若需要将整个地图文档转换为 KMZ 文件，可采用【ArcToolbox】→【Conversion Tools】→【To KML】下的 Map To KML 工具。

（10）在 Google Earth 中浏览 KMZ 数据。在 Google Earth 中，点击菜单【文件】→【打开…】，选择上一步生成的 KMZ 数据，打开并浏览该数据。浏览时，可在该数据的属性中修改其样式或颜色。

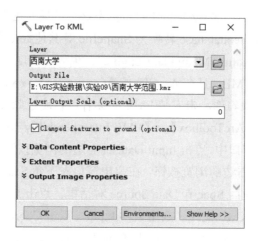

图 9.5　将图层文件转换为 KML 文件

六、实验说明

（1）读者还可以比较转换工具和数据互操作两种转换方法之间的异同点；比较用数据互操作分别导入 KML 和 KMZ 之后两个数据集之间的区别。

（2）KML 格式数据的默认坐标系统为 WGS84 的地理坐标系统，若有必要，用户还可以将其转换为投影坐标系统（如我国常用的高斯-克吕格投影）。

（3）因为保密的需要，国内发行的任何民用中国地图产品不准使用真实的坐标。从 Google Earth 等途径中获取的数据，其坐标是采用了加密插件经过了一定的偏移算法计算后得到的，所以读者会发现，Google Earth 的数据与其他数据之间可能存在一定的位置偏差。这一特点需要读者在使用空间数据的时候特别留意。

实验 10　空间数据编辑

一、实验目的

了解常用的空间数据编辑方法，掌握拓扑检查与编辑、由线生成多边形、多边形的合并与切割等操作方法。

二、实验内容

在 ArcMap 中，采用 Editor 工具条上的各项工具对空间数据进行编辑；在 ArcCatalog 中，对矢量化生成的中国西部地区省级行政界线数据进行拓扑查错，经编辑修改后生成多边形，并对其中的部分多边形进行合并及切割。

三、实验原理与方法

实验原理：空间数据编辑是保证空间数据质量的重要工作。ArcMap 是 ArcGIS 用来进行地图输入、编辑与显示的重要程序，其中的 Editor 工具条集成了众多进行矢量空间数据编辑的工具。多边形矢量数据的输入，一般是先输入其边界线，然后对线进行拓扑检查，确保边界线之间首尾相接（拓扑规则为"无悬挂弧段（must not have dangles）"），最后由线生成多边形。

实验方法：利用 ArcMap 中的 Editor 工具条，创建多个要素，采用多种空间数据编辑方法对其进行不同的编辑，然后对提供的数据进行拓扑查错，生成多边形并对多边形进行编辑。

四、实验设备与数据

（1）实验设备：计算机。

（2）主要软件：ArcGIS Desktop。

（3）实验数据："实验 10"文件夹下的我国西部地区各省（自治区、直辖市）的行政界线矢量数据 WestLine、栅格数据 WestBoundary.tif。

五、实验步骤

1. 常规空间数据编辑

（1）打开 ArcCatalog，浏览"实验 10"中的数据，并在该文件夹中新建一个 Shapefile 文件，要素类型（Feature Type）选择"Polyline"，可命名为"test"。

（2）打开 ArcMap，加载"test"文件，从标准工具条上点击 Editor Toolbar 按钮，打开 Editor 工具条（图 10.1）。在工具条上从左向右依次慢慢移动鼠标，从弹出的提示信息中了解各个工具的功能。

<p align="center">图 10.1　Editor 工具条</p>

（3）点击 Editor 工具条上的 Editor 按钮，在下拉菜单中选择"Start Editing"启动编辑任务（若此时左边内容表中有多个来自于不同数据库或文件夹中的可编辑图层，则会弹出对话框并让用户选择需要编辑的图层或工作空间）。

（4）点击 Editor 工具条最右边的 Create Features 按钮<span></span>，在右侧打开的 Create Features 窗口中选择"test"图层，在其下方的 Construction Tools 列表中，选择"Line"（默认已选）（图 10.2），然后在中间的显示区中画任意一条折线，双击鼠标左键或按键盘上的 F2 结束草图绘制。重复此操作添加更多的不同形状的线要素。绘制过程中，点击 Editor 工具条上的 Trace 下拉按钮<span></span>，可以获得更多的线绘制工具。

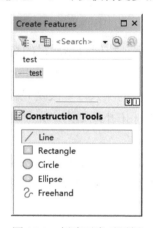

<p align="center">图 10.2　创建要素对话框</p>

（5）在 Construction Tools 列表中选择"Rectangle""Circle""Ellipse""Freehand"，可以分别绘制矩形线、圆、椭圆、徒手线等。绘制时，点击右键，可以设置不同的图形绘制参数。

（6）点击 Editor 工具条上的编辑工具按钮<span></span>，在显示区中选择需要编辑的要素，然后选择 Edit Vertices 按钮<span></span>，则要素上的节点将显示出来（直接双击需要编辑的要素也可实现节点的显示）。

（7）将鼠标指针移动到要素的节点上，待指针改变形状后，按住左键移动节点以改变所选要素的形状，或右键点击并在弹出的菜单中进行以下操作：① Delete Vertex——删除节点；② Move…或 Move To…——按坐标增量或坐标值移动节点；③ Flip——改变线要素的方向，代表线终点的红点从线的一端移动到另一端；④ Trim To Length…——沿线方向对线进行剪切，保留指定的长度；⑤ 对草图进行任务管理——删除草图（Delete Sketch）、完成草图（Finish Sketch）、完成部分草图（Finish Part）；⑥ Sketch Properties——在草图属性表中直接修改各点的坐标以修改草图。

（8）点击编辑工具按钮▶，选择某一要素，分别点击 Editor 工具条上的 Split Tool、Rotate Tool、Attibutes、Sketch Properties，对所选要素进行劈分、旋转，对属性数据和草图属性进行编辑。

（9）按住键盘 Shift 键，利用编辑工具▶选中一个或多个要素（或拉框选择多个要素），点击 Editor 按钮，选择下拉菜单中的各种工具（如 Move…、Split…、Merge…等）对要素进行编辑。

（10）点击 Editor 按钮，在下拉菜单中依次点击【More Editing Tools】→【Advanced Editing】，打开高级编辑工具条，采用该工具条上的各种工具（如 Extend Tool ⊣、Trim Tool ⊦ 等）对要素进行编辑。

（11）点击 Editor 工具条上的 Editor 按钮，选择【Snapping】→【Options…】，设置捕捉参数；然后点击【Snapping】→【SnappingToolbar】，打开捕捉工具条，在其上设置捕捉的对象（点、端点、节点、边），然后在节点编辑时利用捕捉功能，将某一条线的节点捕捉到另一条线的端点、节点或边。

（12）点击【Editor】→【Save Edits】，保存所输入和编辑的数据；或点击【Editor】→【Stop Editing】，保存并停止编辑，然后关闭 ArcMap。

2. 对"实验 10"中的中国西部数据进行拓扑查错并进行编辑，生成多边形

（1）在 ArcCatalog 中，右击 China.gdb 内的 Province 要素数据集，点击【New】→【Topology…】（图 10.3），两次点击【下一步】后，勾选 WestLine 图层，两次点击【下一步】，点击【Add Rule…】，在 Rule 下拉框中选择"Must Not Have Dangles"（不要有悬挂弧段）（图 10.4），点击【OK】，点击【下一步】，点击【Finish】，点击【是】，完成拓扑关系的建立。

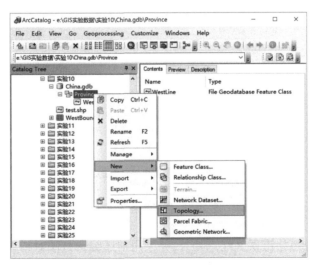

图 10.3　建立拓扑关系

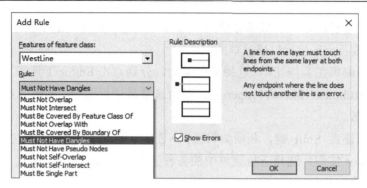

图 10.4　添加拓扑规则

（2）预览拓扑错误。在 ArcCatalog 左侧的目录树中选择新建的拓扑关系，在右侧的显示区中选择 Preview 选项卡，浏览是否存在拓扑错误。红点所示的位置即存在拓扑错误。

（3）启动 ArcMap，加载拓扑关系及其相联系的数据，放大红点处的数据，观察并分析拓扑错误产生的原因，思考修改该错误所需采用的方法。

（4）打开 Editor 工具条，依次点击【Editor】→【Start Editing】，启动编辑。

（5）再次点击 Editor 按钮，点击【More Editing Tools】→【Topology】，打开拓扑工具条（图 10.5）。也可右键点击任一工具条，在弹出的浮动菜单中选择"Topology"，从而打开该工具条。

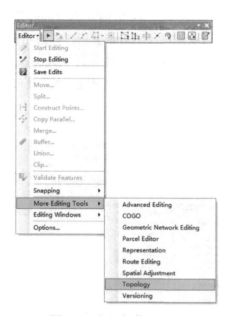

图 10.5　打开拓扑工具条

（6）检查各处拓扑错误（红点处），并采用前述编辑方法对错误之处逐一进行编辑修改，点击拓扑工具条上的验证按钮 ，红点消失即表明该错误已经修改成功。

（7）确认所有错误都修改后，保存编辑。

（8）打开 ArcToolbox，依次点击【Data Management Tools】→【Features】→【Feature to Polygon】，在打开的工具中，输入要素的下拉框里选择"WestLine"，设置输出路径（建议放在 WestLine 所在的【China】→【Province】数据集中）并命名为"WestPolygon"，点击【OK】，生成行政区多边形，并将它加载到 ArcMap 中。

3. 合并和切割多边形

（1）对 WestPolygon 进行编辑：关闭其他图层的显示，仅保留 WestPolygon 图层。选择四川省所在范围内的两个多边形，点击 Editor 工具条上的 Editor 按钮，选择"Merge…"，点击【OK】，将这两个多边形合并为一个多边形。

（2）加载栅格数据 WestBoundary.tif，将其置于 WestPolygon 图层之下。

（3）将 WestPolygon 图层设置为 50%透明显示：右键点击 WestPolygon 图层，选择"Properties…"，在弹出的对话框中选择 Display 选项卡，在 Transparent 文本框中输入"50"，单击【确定】（图 10.6）。

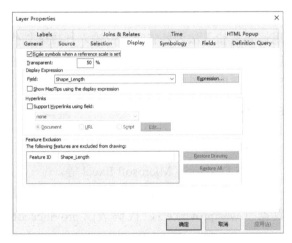

图 10.6　设置图层透明显示

（4）以 WestBoundary 为参照，将重庆市从四川省的多边形中切割出来，具体操作如下：先选择四川省所在的多边形，然后点击 Editor 工具条上的 Cut Polygons Tool 按钮中，沿两地的边界线画一条曲线（应注意所绘曲线的起点和终点都应在所切割的多边形外部），双击结束，从而将重庆市的行政区切割出来。

六、实验说明

（1）Topology 工具条中除了有用于验证拓扑关系的工具外，还有用于拓扑编辑的工具，读者可以利用这些工具对以上数据进行拓扑编辑。

（2）Editor 工具条中还有很多其他的编辑工具，读者可以根据工具的提示并结合帮助文档，自行开展其他编辑练习。

实验 11　属性数据输入

一、实验目的

掌握常用的属性数据输入方法。

二、实验内容

在 ArcMap 中，将 Excel 表中记录的各省份的名称和人口等数据输入属性表中，并计算各省份的人口密度。

三、实验原理与方法

实验原理：地理要素的属性数据是空间数据的重要组成部分，这些数据可以采用逐要素输入法、条件输入法、外部表格连接法、计算法等方法进行输入。

实验方法：先采用逐要素输入法为各省级单位输入行政区划代码，再通过条件输入法，明确各省所属片区，然后采用外部表格连接法将 Excel 表中的人口数据输入，最后根据人口与面积计算出人口密度字段中的值。

四、实验设备与数据

（1）实验设备：计算机。

（2）主要软件：ArcGIS Desktop，Microsoft Excel 等。

（3）实验数据："实验 11"文件夹下的相关数据，它包括 China 数据库中的西部各省份的多边形矢量数据（westprovince）、代码表（provincecode.xls）、人口数据表（provincepopu.xls）。

五、实验步骤

（1）打开 ArcMap，添加西部省级行政区划多边形数据 westprovince，先浏览该数据，认识各多边形对应的省份，然后右键单击该图层，选择"Open Attribute Table"，打开属性表，可以看到各多边形的面积和周长等属性数据。

（2）在 ArcMap 中加载"实验 11"文件夹中 provincecode.xls 文件内的 name 表和 provincepopu.xls 文件内的 population 表，右键点击表格并选择"Open"，打开相应表格，可以看到各省份的代码、名称和人口等数据。

（3）在 westprovince 图层的属性表中，点击左上角的 Table Options 按钮，在弹出的菜单中选择"Add Field…"（图 11.1），添加以下 5 个字段：首先添加一个短整型（Short Integer）字段，命名为"ProvCode"，用于存放各省份的行政代码；其次添加一个长度为 20 的文本型（Text）字段，命名为"ProvName"，用于存放各省份的名称；然后添加一个长度为 2 的文本型（Text）字段，命名为"Region"，用于存放各省份所属片区（西南 SW、西北 NW）；再次添加一个长整型（Long Integer）字段，命名为"Pop"，用于保存各省份的人口数量；最后添加一个双精度（Double）字段，命名为"PopDensity"，用于保存各省份的人口密度。

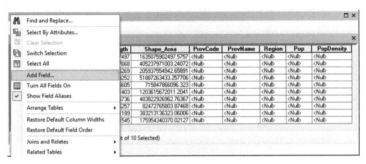

图 11.1 在属性表中添加字段

（4）点击 Editor 工具条上的【Editor】→【Start Editing】，启动编辑，选择 westprovince 图层作为编辑对象，然后根据分省份的行政区划代码表（provincecode.xls），在 westprovince 图层的属性表中逐个为西部各省份的多边形添加行政区划代码于"ProvCode"字段之中。

（5）点击菜单【Selection】→【Select By Attributes...】，打开按属性选择对话框，在其下方的文本框中输入选择条件[ProvCode] >60，点击【Apply】，则选中西北地区各省份的多边形。

（6）右键点击属性表中 Region 字段标题，点击【Field Calculator...】，打开字段计算器，在其下方的文本框中输入"NW"（NW 代表西北地区，其两侧需要使用半角双引号），点击【OK】。

（7）重复第（5）步，将选择条件修改为[ProvCode] <60，选中西南地区各省份的多边形；重复第（6）步，输入"SW"（SW 代表西南地区）。输入完毕后，点击菜单【Selection】→【Clear Selected Features】或点击 Tools 工具条上的 按钮，取消对要素的选择。

（8）根据代码将西部各省份的人口数据（provincepopu.xls）连接到属性表中：右键单击 westprovince 图层，选择【Joins and Relates】→【Join...】，打开 Join Data 对话框，先选择 ProvCode 字段作为连接的依据，然后选择用来连接的表格 population，再选择该表格中用来连接的字段 code，最后点击【OK】完成全部表格连接（图 11.2）。浏览属性表最右侧连接上的数据。

（9）右键点击属性表中 Pop 字段标题，点击【Field Calculator...】，打开字段计算器，先清除下方文本框中的内容，然后在其左上方的字段（Fields）列表框最下方找到 population.population 字段，直接双击将其加入计算列表框中，点击【OK】，将 population 表中 population 字段的人口数据复制到 westprovince 图层中的 Pop 字段中。

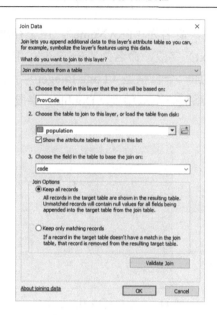

图 11.2　连接外部数据的 Join Data 对话框

（10）采用以上第（8）、（9）步相同的方法，连接 provincecode.xls 中的 name 表，并将各省份的名称复制到 westprovince 图层的"ProvName"字段中。

（11）计算人口密度。右键点击 westprovince 图层属性表中的 PopDensity 字段标题，点击【Field Calculator…】，打开字段计算器，在其下方的文本框中输入[westprovince.Pop]/([westprovince.Shape_Area] / 1000000)，点击【OK】，即可计算出各省份的人口密度（人/km^2）（图 11.3）。

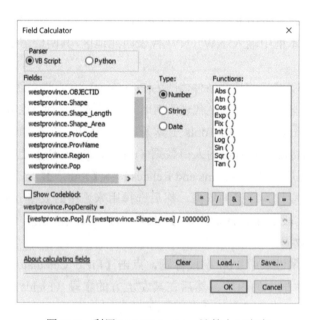

图 11.3　利用 Field Calculator 计算人口密度

（12）右键点击 westprovince 图层，然后点击【Joins and Relates】→【Remove Join(s)】→【Remove All Joins】，移去数据连接，浏览此时属性表中的各项数据，检查属性数据的输入情况（图 11.4）。

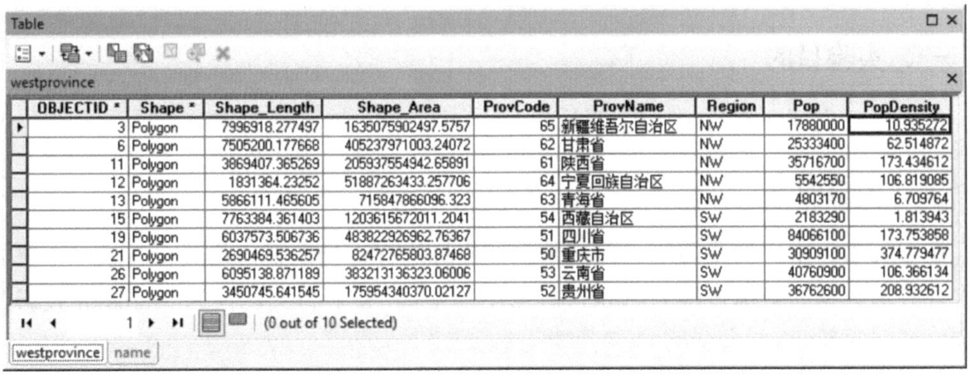

OBJECTID *	Shape *	Shape_Length	Shape_Area	ProvCode	ProvName	Region	Pop	PopDensity
3	Polygon	7996918.277497	1635075902497.5757	65	新疆维吾尔自治区	NW	17880000	10.935272
6	Polygon	7505200.177668	405237971003.24072	62	甘肃省	NW	25333400	62.514872
11	Polygon	3869407.365269	205937554942.65891	61	陕西省	NW	35716700	173.434612
12	Polygon	1831364.23252	51887263433.257706	64	宁夏回族自治区	NW	5542550	106.819085
13	Polygon	5866111.465605	715847866096.323	63	青海省	NW	4803170	6.709764
15	Polygon	7763384.361403	1203615672011.2041	54	西藏自治区	SW	2183290	1.813943
19	Polygon	6037573.506736	483822926962.76367	51	四川省	SW	84066100	173.753858
21	Polygon	2690469.536257	82472765803.87468	50	重庆市	SW	30909100	374.779477
26	Polygon	6095138.871189	383213136323.06006	53	云南省	SW	40760900	106.366134
27	Polygon	3450745.641545	175954340370.02127	52	贵州省	SW	36762600	208.932612

图 11.4 westprovince 属性表中输入的数据

（13）点击 Editor 工具条上的 Editor 按钮，选择“Stop Editing”，选择“Save Editing”保存数据，然后停止编辑。

六、实验说明

（1）在 ArcMap 中加载纯表格（如 provincepopu.xls 中的 population 表、provincecode.xls 中的 name 表）时，内容表的视图会自动切换至 List By Source 状态。若此时用户将内容表切换为其他视图，将无法看到这些表格数据。相应地，若用户想看到这些表格数据，需要在内容表顶部点击 按钮，将图层的排列方式切换到 List By Source（按数据来源排列）。

（2）在添加字段的过程中，可能会出现添加失败的情况。一是 Add Field 为灰色不可用，主要原因是该数据处于编辑状态，需要在 Editor 工具条中停止对该数据的编辑；二是点击【Add Field】后，报告添加错误：数据正被其他用户或程序使用，主要原因是数据正被 ArcCatalog 等程序使用，需要关闭这些程序。

（3）使用字段计算器时，图层名称、函数、运算符号等，均可通过双击计算器上部的相应对象加入计算式中。括号等无法点击添加的要素应在英文输入法状态下输入。

实验 12　空间坐标的转换

一、实验目的

掌握空间坐标调整与转换的方法。

二、实验内容

在 ArcGIS 中，将我国东、西部数据的坐标进行适当调整，将其合并成一个整体，并将合并后数据的坐标转换为 Albers 投影下的坐标，最后将其转换为 Mercator 投影下的坐标。

三、实验原理与方法

实验原理：空间数据坐标的转换是空间数据处理的重要内容，是空间分析的基础；空间坐标转换的实质是建立两个地理空间中各点之间的一一对应关系，主要包括几何纠正和投影变换两种转换方法。几何纠正往往通过选择若干控制点，利用其源坐标及目标坐标，确定某转换方程的系数，从而建立转换方程实现整个数据的坐标转换和纠正；投影变换按地图投影的数学方法，将数据从某一投影下的坐标转换成另一投影之下的坐标。

实验方法：利用 ArcGIS 的 Spatial Adjustment、ArcToolbox 的 Data Management Tools 等工具，先将西部数据配准到东部数据之上（或相反），实现相对坐标的调整；然后将东西部的点、线数据分别合并成一个数据，通过控制点将其调整为 Albers 投影下的坐标，再对其定义投影；最后进行投影转换，将其从 Albers 投影转换成 Mercator 投影，比较不同投影之间的数据差异。

四、实验设备与数据

（1）实验设备：计算机。

（2）主要软件：ArcGIS Desktop、Microsoft Excel 等。

（3）实验数据："实验 12"文件夹下的相关数据，主要包括中国东、西两部分的省界数据（lineeast.shp、linewest.shp）及控制点（pointeast.shp、pointwest.shp）；控制点在 Albers 投影下的坐标文件（东部地区控制点.xls、西部地区控制点.xls）；两个分别带有 Albers 和 Mercator 投影的无数据文件（ProjectAlbers.shp、ProjectionMercator.shp）。

五、实验步骤

1. 加载并浏览数据

启动 ArcMap，加载东、西部的点和线数据，浏览数据，可观察到东、西部的数据是相互分离的，控制点位于各省份边界的交点上。

2. 浏览控制点数据

打开东部地区控制点.xls 和西部地区控制点.xls 两个 Excel 文件，观察文件中记录的东、西部 5 个控制点在 Albers 投影下的坐标，找出各点在 ArcMap 中的对应点位。

3. 设置捕捉方式

在 ArcMap 中打开 Editor 工具条，启动编辑，并依次点击该工具条上的【Editor】→【Snapping】→【Snapping Toolbar】，打开捕捉工具条，先点击其上的 Snapping 按钮，勾选 "Use Snapping"，然后点击工具条右侧的四个捕捉方式按钮，取消对节点（Vertex）和边（Edge）捕捉的选择（后两个），仅保留对点（Point）和端点（EndPoint）的选择（前两个）（图 12.1）。

图 12.1　捕捉状态设置

图 12.2　Spatial Adjustment 工具条

4. 将西部地区的两个数据（点、线）按中部边沿调整到东部数据的坐标体系之下

（1）打开 Spatial Adjustment 工具条（图 12.2）。

（2）设置被调整的数据。点击工具条上的【Spatial Adjustment】→【Set Adjust Data...】，选择 "All features in these layers"，再在其下方列表中，仅选择 "pointwest" 与 "linewest" 数据（即调整西部的数据，东部的数据暂不调整）（图 12.3），单击【OK】。

（3）设置调整方法。在 Spatial Adjustment 工具条上依次点击【Spatial Adjustment】→【Adjustment Methods】→【Transformation】→【Similarity】，选择相似性变换方法。

（4）建立控制点连接。点击工具条上的位移连接按钮，捕捉西部线数据中的连接端点，将其连接到东部线数据中的对应端点。重复以上过程建立至少四个连接关系（图 12.4）。

（5）连接效果评估。点击 View Link Table 按钮，打开连接表（图 12.5），观察残差（Residual Error），若符合要求，进入下一步；若不符合要求，删除残差较大的连接，检查连接或重建新的连接，直至符合要求。本实验中要求残差小于 3000m。

（6）数据调整。点击【Spatial Adjustment】→【Adjust】，完成对西部数据的坐标调整。此时可观察到西部数据已与东部数据拼接到了一起。

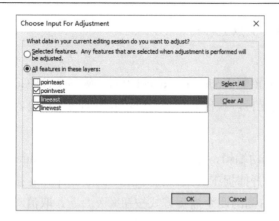

图 12.3　设置需要调整的数据

图 12.4　建立控制点的连接关系

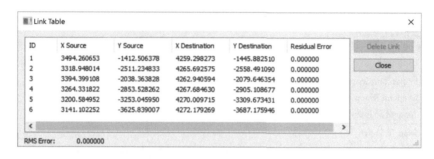

图 12.5　连接关系表

（7）保存数据。局部放大东、西部数据的连接处，观察数据的连接情况。若满足要求，则点击 Editor 工具条下拉菜单中的【Save Edits】，保存调整后的西部数据。

5. 将西部数据复制到东部数据中

（1）在 Editor 工具条上点击编辑工具按钮 ▶，先关闭除 linewest 以外的其他图层，拉框选择西部地区的所有线要素，然后打开 lineeast 图层，依次点击标准工具条上的复制按钮 🗐、粘贴按钮 🗐，在弹出的粘贴界面中选择 lineeast 作为目标图层，将西部的线复制到东部线数据中。点击【Clear Selected Features】，取消选择。

（2）同理，将西部的点数据复制到东部的点数据之中。

（3）在 ArcMap 中浏览东部地区的点、线数据，保存数据，移除内容表中西部的点、线图层。

6. 利用控制点及其在 Albers 投影下的坐标数据，将合并后的点、线数据文件进行坐标转换

（1）在 ArcMap 中关闭除 pointeast 外的其他图层。

（2）点击 Spatial Adjustment 工具条上的位移连接按钮 ✐，捕捉各控制点，将其目标点暂时设定在任意位置。

（3）点击 View Link Table 按钮 🗐，打开连接表，将东部地区控制点.xls、西部地区控制点.xls 两个文件中的坐标复制到连接表中对应位置的 X / Y Destination 列中（根据备注列中的省份名称复制）。

（4）检查连接表中的残差。若残差小于规定的技术指标，符合要求，则进入下一步；若不符合要求，则需要检查连接是否正确，特别是要检查坐标复制是否错位或正确，直至符合要求。本实验中要求残差小于 3000m。

（5）在 Spatial Adjustment 工具条上，设置调整的数据为 pointeast、lineeast，调整方法选择【Transformation】→【similarity】，点击【Spatial Adjustment】→【Adjust】，完成对数据的坐标调整。

（6）浏览并保存数据。右键点击内容表上的 lineeast 图层，选择"Zoom To Layer"，将数据呈现在显示区中，浏览数据，注意观察右下角状态栏中的坐标值及单位，检查各控制点当前坐标与 Excel 中记录的坐标之间的差异。保存编辑并关闭 ArcMap。

7. 定义投影——为调整后的数据加载投影信息

（1）在 ArcCatalog 中，右击 lineeast.shp，选择"Properties…"，打开属性对话框，选择 XY Coordinate System 标签，点击 Add Coordinate System 按钮🌐▾，选择"Import…"（图 12.6），在打开的对话框中选择"实验 12"文件夹中的"ProjectionAlbers.shp"文件，点击【Add】，再点击【确定】，将 Albers 投影信息加载到数据之中。

（2）采用与以上相同的方法对 pointeast 数据定义投影。

8. 投影转换——将数据从 Albers 投影转换为 Mercator 投影

打开 ArcToolbox，选择【Data Management Tools】→【Projections and Transformations】→【Project】，打开投影转换对话框并做如下设置（图 12.7）：在 Input Dataset or Feature Class 里输入"lineeast.shp"，点击 Output Coordinate System 文本框右边的按钮，依次点击【Add Coordinate System🌐▾】→【Import…】，选择"实验 12"文件夹中的 ProjectionMercator.shp 文件，点击【Add】→【确定】→【OK】。

9. 数据比较

（1）在 ArcCatalog 中分别浏览具有 Albers 投影的 lineeast 数据和具有 Mercator 投影的 lineeast_Project 数据，比较其形状的差异。

（2）启动两个 ArcMap 窗口，分别加载以上两个数据，右键点击内容表中的【Layers】→【Properties】→【Grids】→【New Grid…】，全部采用默认设置为当前数据框创建网格。在布局窗口（Layout View）中进行浏览，比较其经纬网形状差异（图 12.8 和图 12.9）。

（3）将两个数据加载到同一个 ArcMap 窗口中，比较其形状差异，理解 ArcGIS 的动态投影技术（On-the-Fly）。

（4）在 ArcMap 中打开 ArcToolbox，采用【Conversion Tools】→【To KML】→【Layer To KML】工具，将 lineeast 图层转换为 KML 文件；在 Google Earth 中打开该文件，浏览数据，观察数据与 Google Earth 中的影像及矢量数据的叠合情况。

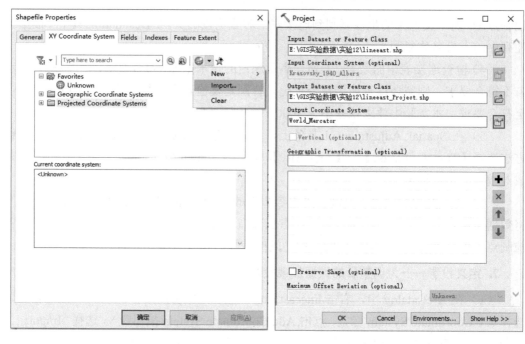

图 12.6　通过导入方式加载投影信息　　　图 12.7　利用 Project 工具进行投影转换

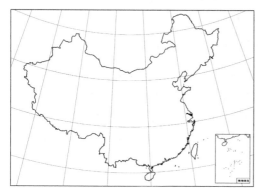

图 12.8　Albers 投影

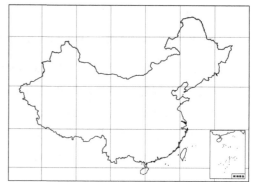

图 12.9　Mercator 投影

六、实验说明

（1）若实验所用电脑中未安装 Google Earth，也可将 lineeast 和 lineeast_Project 数据加入 ArcGIS 的 ArcGlobe 之中进行对比。

（2）动态投影技术可以使具有不同投影的数据在保留其原有投影的情况下一起使用（都按所在数据框的投影进行显示），从而避免过多的投影转换，提高工作效率。

实验 13   空间数据的处理

一、实验目的

理解处理矢量数据、栅格数据的基本原理，掌握空间数据处理的常用方法。

二、实验内容

对矢量数据与栅格数据实施裁切、拼接、提取、概括、格式转换等处理。

三、实验原理与方法

实验原理：原始的空间数据由于在格式、范围、精度、属性等方面与需求有所不同，常常需要对其进行裁切、拼接、提取、格式转换等方面的处理，生成符合需求的新数据。Geodatabase 是一种面向对象的空间数据库格式，它不仅能够存储空间要素本身，还能够存储注记、几何网络、拓扑关系等，能够更加高效、便捷地管理空间数据，因此经常需要将数据从 Shapefile 等格式转换至 Geodatabase 中。通过测绘生产的数据往往采用 AutoCAD 软件的 DWG 等格式,而测绘数据是 GIS 重要的数据源,因此也常需要将 DWG 等格式的数据转换为 ArcGIS 所支持的数据类型。

实验方法：利用 ArcGIS 中的数据管理、常规分析、空间分析等工具，实现对空间数据的处理。利用数据转换工具，实现不同格式数据之间的转换。

四、实验设备与数据

（1）实验设备：计算机。

（2）主要软件：ArcGIS Desktop。

（3）实验数据："实验 13"文件夹中的数据，包括土地利用矢量数据（landuse1~landuse 4）、遥感影像数据（image1~ image 5）、土地栅格数据（land）、坡度数据（slope）、区域数据（Boundary.shp、Studyarea.shp、Villages.shp）、CAD 数据（地形图.dwg）。

五、实验步骤

1. 矢量数据的处理

1）拼接

打开 ArcMap，加载并浏览土地利用数据 landuse1~landuse4；打开 ArcToolbox，依次点击【Data Management Tools】→【General】→【Append】，双击打开矢量数据的拼接工具；在 Input Datasets 下拉框中选择 landuse1、landuse2、landuse3，在 Target Dataset 下拉框中选择 landuse4，其余参数保留为默认值（图 13.1），点击【OK】即可将 landuse1~

landuse3 拼接至 landuse4 中,关闭 landuse1~landuse3 图层的显示,浏览新生成的 landuse4。

2）裁切

在 ArcMap 中加载 Studyarea.shp 数据,在 ArcToolbox 中依次点击【Analysis Tools】→
【Extract】→【Clip】,双击打开矢量数据裁切工具。将上一步拼接所得的 landuse4 数据
设置为输入要素,将 Studyarea.shp 设置为裁切要素（Clip Features）,设置输出要素的
路径和名称（图 13.2）,单击【OK】将研究区内的数据裁切下来。浏览裁切后得到的
数据。

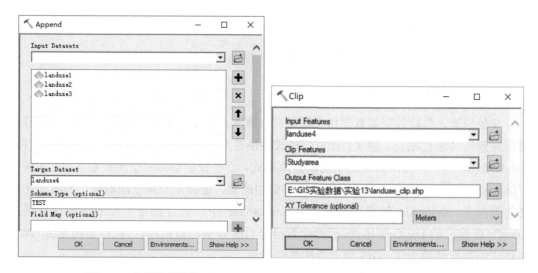

图 13.1　矢量数据拼接　　　　　　图 13.2　矢量数据裁切

3）提取

在 ArcToolbox 中依次点击【AnalysisTools】→【Extract】→【Select】,双击打开矢
量数据提取工具（图 13.3）,上一步生成的 landuse_clip 设置为输入数据,设置输出数据
的路径和名称,单击 Expression 文本框后的 SQL 按钮,在弹出的查询器中输入"DLMC" =
'旱地' OR "DLMC" ='水田'（图 13.4）,单击【OK】提取出研究区内的耕地数据。条件表
达式中的字段名称、属性值、运算符号等均可通过双击添加。浏览提取出的耕地数据。

4）融合

融合工具（Dissolve）能够根据要素的某项属性,将属性值相同的要素聚合为同一要
素。对于该项属性值相同且空间上相邻（具有公共边）的多边形来说,融合后将生成一
个新的多边形,原有的公共边将被删除。以下利用融合工具将相邻水田、旱地图斑融合
为耕地。

（1）为旱地和水田输入共同的属性值:在 ArcMap 中右键点击 landuse_clip 数据,
选择"Open Attribute Table",打开属性表。先点击属性表左上方的 Select By Attributes
按钮🖳,在弹出的对话框中输入"DLMC" ='旱地' OR "DLMC" ='水田',单击【Apply】,
将数据中的旱地与水田选择出来。然后右键单击"DLBM"字段标题,选择"Field

Calculator...",打开字段计算器,在其文本框中输入耕地的地类编码 "01"(注意 01 左右为半角双引号),点击【OK】为耕地输入新的地类编码(一级代码)。单击属性表上方的 ClearSelection 按钮，清除选择。

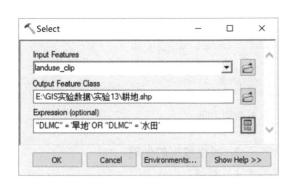

图 13.3　矢量数据提取

图 13.4　Select By Attributes 对话框

(2)将旱地与水田融合为耕地:在 ArcToolbox 中依次点击【Data Management Tools】→【Generalization】→【Dissolve】,双击打开融合工具,将 landuse_clip.shp 设置为输入数据,设置输出数据的路径和名称,在 Dissolve_Field(s) 中选择"DLBM",其余参数采用默认值(图 13.5),单击【OK】进行数据融合。在 ArcMap 中浏览融合后的空间数据及其属性表,比较其与融合前数据之间的差异。可以注意到,除相邻的旱地与水田融合为耕地外,图幅拼接处的同类型土地也进行了合并。

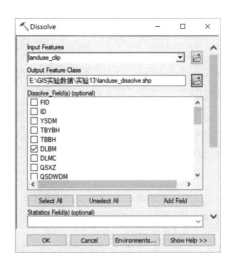

图 13.5　矢量数据融合

5)消除

消除工具(Eliminate)可以将碎多边形合并到相邻的多边形中,从而消除碎多边形。需要注意的是,在使用此工具时,只有被选中的多边形才能被消除,因此在具体操作中应先将不符合要求的图斑挑选出来,再使用 Eliminate 工具进行多边形的消除。

(1)在 ArcMap 中加载 Villages.shp 数据,浏览其属性表,两次双击 Area 字段标题,将多边形在表格中按面积从大到小排序,可以发现有三个面积较大的多边形,其余的多边形面积均很小。通过面积属性选中所有小于 $1000m^2$ 的多边形,浏览其空间分布状况。

(2)打开 ArcToolbox,依次点击【Data Management Tools】→【Generalization】→

【Eliminate】，双击打开数据消除工具，将输入数据设置为"Villages"，设置输出数据的路径和名称，单击【OK】进行数据消除（图13.6）。比较消除后的数据与原数据之间的差异。

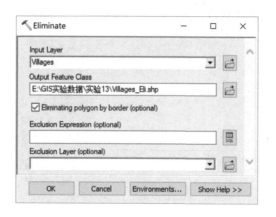

图13.6 矢量数据消除

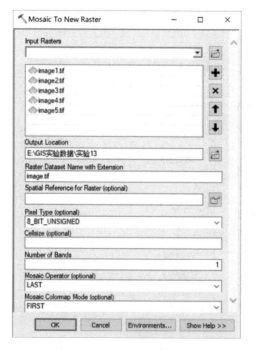

图13.7 栅格数据拼接

2. 栅格数据的处理

1）拼接

新建一个ArcMap窗口，添加并浏览遥感影像数据image1~image5；打开ArcToolbox并依次点击【Data Management Tools】→【Raster】→【RasterDataset】→【Mosaic To New Raster】，双击打开栅格数据拼接工具。在Input Rasters下拉框中依次输入数据image1~image5，设置输出数据的路径（Output Location）与名称（Raster Dataset Name with Extension），设置波段数（Number of Bands）为1，其余参数保留默认值（图13.7），单击【OK】进行栅格数据的拼接。浏览拼接后的遥感影像。

2）裁切

在ArcMap中加载裁切范围数据Boundary.shp，在ArcToolbox中依次点击【Spatial Analyst Tools】→【Extraciton】→【Extract by Mask】，双击打开栅格数据裁切工具。设置输入栅格为上一步拼接所得的image.tif数据，设置掩膜（Input raster or feature mask data）为Boundary.shp，设置输出栅格的路径和名称（图13.8），单击【OK】进行栅格裁切。浏览裁切后生成的数据。

3）提取

在ArcMap中加载土地栅格数据land，浏览其属性表；在ArcToolbox中依次点击

【Spatial Analyst Tools】→【Extraction】→【Extract by Attributes】，双击打开栅格数据提取工具。设置输入栅格为"land"，点击提取条件（Where clause）文本框后方的 SQL 按钮，然后输入提取条件"DLBM" ='011' OR "DLBM"='013'（或"DLMC" ='旱地' OR "DLMC" ='水田'），单击【OK】返回；设置输出栅格的位置和名称（图 13.9），单击【OK】提取出耕地数据。

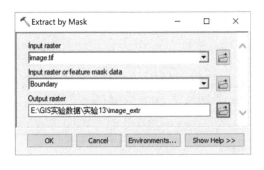
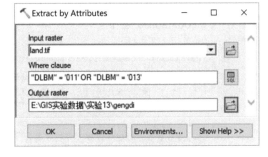

图 13.8 栅格数据裁切   图 13.9 栅格数据提取

4）聚合

聚合的本质是对栅格数据通过重采样进行地域兼并，是在原栅格数据的基础上生成一个分辨率更低（像元更大）的栅格数据。在 ArcMap 中加载坡度数据 slope，浏览该数据；在 ArcToolbox 中依次点击【Spatial Analyst Tools】→【Generalization】→【Aggregate】，双击打开栅格数据聚合工具。在 Input raster 中输入 slope 数据，设置输出栅格的路径与名称。在 Cell factor 文本框中输入 5，表明新生成栅格数据的像元大小将是原来的 5 倍，在 Aggregation technique 选择"MEAN"，表明聚合方式为取原像元值的平均值（图 13.10），其余采用默认值，单击【OK】对坡度进行聚合。比较聚合后的坡度数据与原坡度数之间的差异（必要时对数据进行相同类型的符号化）。

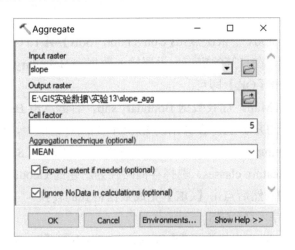

图 13.10 栅格数据聚合

3. 数据格式转换

1）将 Shapefile 数据转换至 Geodatabase 中

方法一：在 ArcCatalog 中，右键点击"实验 13"文件夹，选择【New】→【Personal Geodatabase】，新建一个 Geodatabase；右键点击 Boundary 数据，依次选择【Export】→【To Geodatabase(single)...】（图 13.11），在弹出的对话框中设置输出位置为刚新建的 Geodatabase，设置输出数据的名称（Output Feature Class），单击【OK】，即可将 Shapefile 数据导入 Geodatabase 之中。

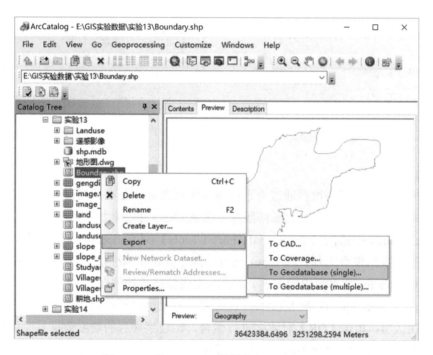

图 13.11　将 Shapefile 数据导入 Geodatabase

方法二：在 ArcToolbox 中依次点击【Conversion Tools】→【To Geodatabase】→【Feature Class to Feature Class】，在打开的窗口中设置输入数据为 Boundary.shp，然后设置输出数据的位置与名称，单击【OK】即可。

方法三：打开 ArcMap，加载数据 Boundary.shp，右键点击 Boundary 图层，依次选择【Data】→【Export Data...】，在弹出的 Export Data 对话框中，单击浏览（Browse）按钮 ，在弹出的 Saving Data 对话框中，设置输出数据的格式（Save as type）为 File and Personal Geodatabase feature classes，选择存储路径为新建的 Geodatabase，设置输出数据的名称，点击【Save】，然后点击【OK】完成数据格式的转换。

2）将 CAD 数据导入 ArcGIS

方法一：在 ArcToolbox 中依次点击【Conversion Tools】→【To Geodatabase】→【Feature Class to Feature Class】，在打开的窗口中设置输入数据为"地形图.dwg"中的 Polyline，

然后设置输出数据的位置与名称，单击【OK】。注意该方法每次只能导出一个图层的数据。

　　方法二：在 ArcCatalog 中，找到"实验 13"文件夹中的"地形图.dwg"数据，右键点击该数据，依次选择【Export】→【To Geodatabase(multiple)…】，设置输出数据的位置为上一步新建的 Geodatabase，单击【OK】完成转换。转换完成后，观察 Geodatabase 中新生成的数据，比较本方法与上一种方法之间的异同之处。

六、实验说明

　　（1）默认情况下，矢量数据融合后仅保留融合时所使用的属性字段。在很多情况下，用户可能需要其他属性数据，读者可以思考在进行矢量数据融合时该如何获取或保留其他必要的属性数据。

　　（2）本实验中需要用到 ArcToolbox 中的空间分析工具 Spatial Analyst Tools。由于该工具是 ArcGIS 的扩展模块，在 ArcGIS10 的一些早期版本中，需要在使用前激活该扩展工具（点击 ArcMap 或 ArcCatalog 菜单中的【Customize】→【Extensions…】，勾选"Spatial Analyst"）。

实验 14 空间数据库的建立

一、实验目的

了解空间数据库的数据组织，掌握空间数据库建立的基本方法和过程。

二、实验内容

建立地理数据库（Geodatabase），实现矢量数据和栅格数据的一体化管理。

三、实验原理与方法

实验原理：Geodatabase 是一种面向对象的空间数据存储模型库，它可以存储如 Shapefile 格式的点、线、面等单一空间矢量要素（Feature Class）本身，还能够将具有同一空间参考系、性质或类型相同或相近的多个要素组织为要素数据集（Feature Dataset）（如将铁路、公路组织为交通数据集）；除了可以存储矢量数据，它还能够存储栅格数据，更重要的是它还能存储表格、注记、几何网络、拓扑关系等，从而可以为数据添加丰富的行为，确保数据的完整性，提高管理数据的能力。Geodatabase 有 Personal、File、ArcSDE 等不同的形式，其中 Personal Geodatabase 是一种面向个人或小型组织的空间数据库，它存储在单一 Microsoft Access 文件中，文件大小限制在 2GB 以下，仅运行于 Windows 操作系统。属性数据是空间数据库的重要组成部分，属性表中的字段用于存储某项属性数据。输入属性时，应先建立相应的字段，然后根据数据源的特点，采用逐要素输入法、条件输入法、计算法、外部表格连接法等一种或多种方法将属性输入。

实验方法：在 ArcGIS 的环境下，新建 Personal Geodatabase，并导入矢量数据与栅格数据，输入要素的属性，建立要素之间的拓扑关系。

四、实验设备与数据

（1）实验设备：计算机。

（2）主要软件：ArcGIS Desktop、Microsoft Excel 等。

（3）实验数据："实验 14"文件夹下的相关数据，包括中国范围内的行政区数据（Districts.shp）、省会城市数据（Cities.shp）、主要公路数据（Roads.shp）、主要铁路数据（Rails.shp）、主要湖泊数据（Lakes.shp）、主要河流数据（Rivers.shp）、DEM 数据（dem_10km）、坡度数据（slope_10km），以及各省份国内生产总值统计数据（GDP.xls）。

五、实验步骤

1. 浏览数据

打开 ArcCatalog，浏览"实验 14"文件夹中的各类数据。

2. 建立 Personal Geodatabase

（1）创建地理数据库：在 ArcCatalog 左侧的目录树中右键点击"实验 14"文件夹，依次选择【New】→【Personal Geodatabase】，新建个人地理数据库并命名为"China.mdb"。

（2）创建用于组织自然环境要素的数据集：右键点击【China.mdb】，依次选择【New】→【Feature Dataset...】，在弹出的对话框中输入数据集名称"Natural"，点击【下一步】，点击 Add Coordinate System 按钮🌐▾，选择"Import..."，在弹出的对话框中选择"实验 14"文件夹下的任意一个 Shapefile 文件，单击【Add】，采用所选要素的坐标系统作为新数据集的坐标系统。连续两次点击【下一步】，最后点击【Finish】，完成 Natural 数据集的创建。

（3）采用上一步相同的方法，为 China.mdb 创建一个用于组织社会经济要素的数据集 Social 和一个用于保存辅助要素的数据集 Others。

3. 数据集的创建与矢量数据的导入

（1）右键点击 China.mdb 中的 Natural 数据集，依次选择【Import】→【Feature Class(multiple)...】，在弹出的对话框中添加输入要素 Lakes.shp、Rivers.shp（ArcGIS 10.5 以后的版本中，也可直接从目录树中将这两个数据拖入列表框中）（图 14.1），单击【OK】将湖泊和河流两个自然要素导入当前数据集。

图 14.1 为数据集添加要素

图 14.2 将 Excel 中的数据导入数据库

（2）采用与上一步相同的方法，为数据集 Social 导入 Districts.shp、Cities.shp、Roads.shp、Rails.shp。

（3）采用相同的方法，为数据集 Others 导入九段线.shp、南海诸岛及其他岛屿.shp。

（4）右键点击【China.mdb】，依次选择【Import】→【Table(single)…】，将 GDP.xls 中的 GDP$表作为输入数据，将输出的表格命名为"GDP09_13"，点击【OK】将 Excel 中 2009~2013 年各省份的 GDP 数据表导入数据库中（图 14.2）。

4. 栅格数据的导入

右键点击空间数据库 China.mdb，依次选择【Import】→【Raster Datasets…】，在弹出的对话框中添加输入栅格数据 dem_10km、slope_10km，Output Geodatabase 采用默认值，点击【OK】将栅格数据输入数据库中（图 14.3）。

图 14.3　导入栅格数据

5. 建立拓扑关系

（1）右键点击 Social 要素集，依次选择【New】→【Topology…】，打开 New Topology 对话框，连续点击两次【下一步】，选择参与拓扑关系的要素类 Cities、Roads、Districts。

（2）点击【下一步】，选择拓扑等级数目及各要素类的拓扑等级，这里为 Cities、Roads、Districts 分别设置等级 3、2、1。

（3）点击【下一步】，定义拓扑规则。点击【Add Rule…】，在 Features of feature class 下拉框中选择"Cities"，在 Feature Class 下拉框中选择"Districts"，在 Rule 下拉框中选择"Must Be Properly Inside"，此规则表示 Cities 中的点要素必须落入 Districts 多边形内，不能位于多边形边界或多边形外（读者可阅读对话框右侧的 Rule Description 了解规则的具体内容，如图 14.4 所示），单击【OK】。使用相同的方法为 Roads 添加规则 Must Not Self-Intersect，表示 Roads 中的线要素不能出现自相交现象；为 Districts 添加规则 Must Not Overlap，表示在 Districts 内部，各要素不能相互重叠。最终添加规则的结果如图 14.5 所示。

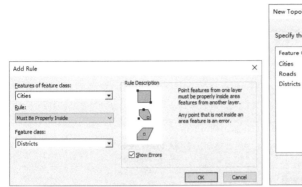

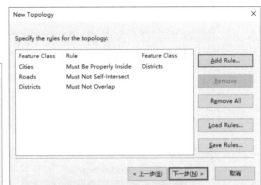

图 14.4　为 Cities 和 Districts 添加拓扑规则　　　图 14.5　添加拓扑规则

（4）单击【下一步】，核对新建拓扑的汇总信息 Summary，确认无误后单击【Finish】，系统会提示是否进行规则的检验（validate），单击【是】，系统将会自动按照规则约束条件，检查当前数据集中的相关要素类。

（5）拓扑关系建立完成后，右键点击拓扑关系 Social_Topology，选择 "Properties"，在 Rules 选项卡中可以添加、删除、修改拓扑规则，拓扑规则调整后需要重新执行 Validate 操作。

（6）在 ArcCatalog 中选择 "Social_Topology"，在显示区中选择 "Preview"，查看是否有拓扑错误（红色标记）。若存在拓扑错误，需要进行拓扑编辑修改（在 ArcMap 中加载拓扑关系及相应的数据，并根据红点所示位置修改。具体的修改方法参见实验 10）。

6. 为要素输入属性数据

（1）打开 ArcMap，依次加载 Social 数据集中的 Districts 数据和 China.mdb 中的表格 "GDP09_13"，右键点击 Districts 图层，选择【Joins and Relates】→【Join…】，打开 Join Data 对话框，在第 1 个选项中选择 "NAME" 作为连接字段，在第 2 个选项中选择用来连接的表格 "GDP09_13"，在第 3 个选项中选择该表格中用来连接的字段 "地区"，点击【OK】完成外部表格连接（图 14.6）。打开属性表，检查属性数据的连接情况。

（2）Districts 中连接的字段不会永久保留在该数据的属性表中，因此需要为其添加新的 Double 型字段 GDP2009、GDP2010、…、GDP2013，然后采用字段计算器将连接字段中的数据复制到相应的新加字段中。最后右键点击 Districts 图层，选择【Joins and Relates】→【Remove Join(s)】→【GDP09_13】移除表格连接。关闭 ArcMap。

7. 浏览并检查数据库

打开 ArcCatalog，浏览建立的空间数据库，检查数据库结构是否正确、要素是否齐备、属性是否符合要求等。上述步骤全部完成后，完整的 "China" 空间数据库如图 14.7 所示。

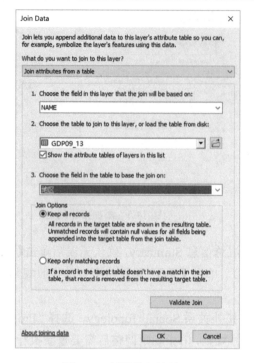

图 14.6　属性数据的输入

图 14.7　空间数据库 China

六、实验说明

（1）属性输入是空间数据库建立过程中的重要内容，本实验只对各省多年的 GDP 进行了输入，有兴趣的读者可尝试为各类要素输入更多类型的属性数据。

（2）感兴趣的读者还可以根据多年的 GDP 数据，为数据库计算各省份 GDP 的增长率并制图。

（3）因为统计数据中缺乏港、澳、台三地的数据，所以表格连接后 Districts 中这三地的数据为空值（Null），经计算后值为 0。

实验 15　空　间　查　询

一、实验目的

了解不同空间查询方法的特点，掌握空间查询的常用方法。

二、实验内容

采用不同的空间查询方法开展空间查询，包括基于空间特征、属性特征、空间位置、空间关系等的查询。

三、实验原理与方法

实验原理：空间查询是地理信息系统的基本功能之一，也是 GIS 进行其他空间分析的基础。空间查询的方法有很多类型，如基于空间特征的查询、基于属性特征的查询、基于空间位置的查询、基于空间关系的查询，等等。

实验方法：使用 ArcGIS 提供的空间查询工具，从提供的数据中查询相关要素和信息。

四、实验设备与数据

（1）实验设备：计算机。

（2）主要软件：ArcGIS Desktop。

（3）实验数据："实验 15"文件夹中的数据，主要包括中国范围内的行政区数据（Districts.shp）、湖泊数据（Lakes.shp）、铁路数据（Rails.shp）。

五、实验步骤

1. 基于空间特征的查询

（1）图形要素的属性查询：打开 ArcMap，加载数据 Districts，先点击 Tools 工具条上的 Identify 按钮❹，然后点击某个多边形或拉框选择多个多边形，则弹出的 Identify 对话框中将列出所选多边形的各项属性信息（图 15.1）。也可以直接在某多边形要素上点击右键，在弹出的菜单中选择 Identify 即可查询属性。

（2）主显示字段的修改：右键点击 Districts 图层，选择"Properties…"，打开属性对话框，在 Display 选项卡下，将 Field 下拉框中的字段修改为 GDP2000（或其他任一字段），勾选 Field 下方的"Show MapTips using the display expression"复选框（图 15.2），点击【确定】。重复上一步的查询操作，可以发现查询列表上方的主显示字段已由 NAME 调整为所选字段，且当鼠标指向不同的要素时，鼠标下方会显示出该要素主显示字段的值。

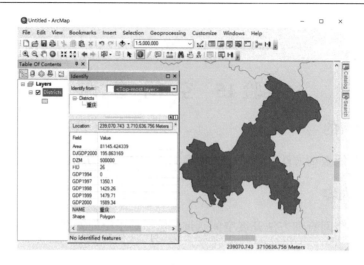

图 15.1　按图形查询属性信息

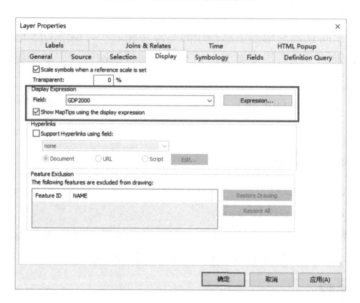

图 15.2　主显示字段的修改

2. 基于属性特征的查询

（1）简单查询：右键点击 Districts 图层，选择"Open Attribute Table"，打开属性表，点击满足条件的属性所在行的表头即可选择该要素（该行高亮度显示，如图 15.3 中选择的重庆，使用 Ctrl 键可以多选），被选中的空间要素在显示区中也会高亮度地显示出来。如果所选图形太小或缩放、平移等导致当前显示范围内不能看到所选要素，则可以把鼠标放在显示区，点击右键选择"Zoom To Selected Features"，被选中的图形就可以显示出来。点击属性表上方的 Clear Selection（或 Tools 工具条上的 Clear Selected Features）按钮，可取消对所选要素的选择。

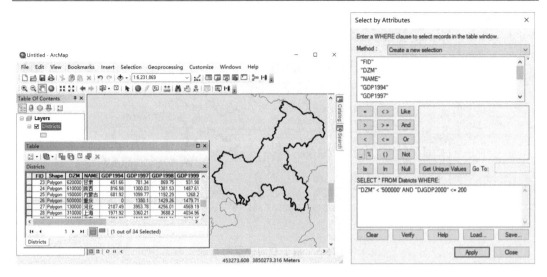

图 15.3　基于属性特征的简单查询　　　　　　图 15.4　基于 SQL 的空间查询

（2）利用 SQL 查询：打开 Districts 图层的属性表，点击 Select By Attributes 按钮 ，在弹出的对话框中输入"DZM" < '500000' AND "DJGDP2000" <= 200（图 15.4），点击【Apply】即可查询"2000 年地均 GDP 低于 200 万/km^2"的中东部地区省份。浏览查询到的省份，完成后点击 Clear Selected Features 按钮 取消选择。

3. 基于空间位置的查询

在 ArcMap 中右键点击任意工具条，选择"Draw"，打开绘图工具条（图 15.5），使用此工具条在显示区绘制任意多边形（也可以是点、线），并选中绘制的图形，依次点击菜单【Selection】→【Selection By Graphics】，则所绘图形所在位置的所有要素将会被选中（图 15.6）。浏览查询到的要素，完成后删除所绘图形并关闭 Draw 工具条，点击 Clear Selected Features 按钮 取消选择。

图 15.5　绘图工具条 Draw

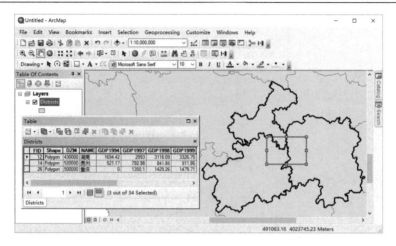

图 15.6　基于空间位置的查询

4. 基于空间关系的查询

（1）邻接查询：利用 Tools 工具条上的 Select Features 按钮选中四川省（或其他任何省份）所在多边形，依次点击菜单【Selection】→【Select By Location】，在 Selection method 中选择"Select features from"，在 Target Layer(s)中选择图层"Districts"，在 Source layer 中选择图层"Districts"，在 Spatial selection method for target layer feature(s)中选择"touch the boundary of the source layer feature"（图 15.7），点击【Apply】即可查询到所有与四川省接壤的行政区。浏览查询到的要素，完成后点击 Clear Selected Features 按钮取消选择。

图 15.7　邻接查询　　　　　　　　　　　图 15.8　包含查询

（2）包含查询：加载数据 Lakes 并置于 Districts 图层上方。利用 Select Features 按钮选中青海省所在多边形，打开 Select By Location 对话框，将 Target layer(s) 改为图层"Lakes"，Source layer 保持不变（即 Districts），勾选"Use selected features"，在查询

方法下拉框中选择 are completely within the source layer feature（图 15.8），点击【Apply】即可查询到青海省范围内的湖泊。浏览查询到的湖泊，完成后取消选择。

　　（3）相交查询：加载数据 Rails 并置于 Districts 图层上方，关闭 Lakes 图层和 Districts 图层的显示，利用 Select Features 按钮选中任意一条较长的铁路线（或利用 Shift 键选中几条连续的铁路线），打开 Select By Location 对话框，将 Target layer(s) 改为 Districts 图层，将 Source layer 改为 Rails 图层，勾选 "Use selected features"，在查询方法下拉框中选择 "intersect the source layer feature"（图 15.9），点击【Apply】并打开 Districts 图层的显示，即可查询到选中铁路线经过的行政区。浏览查询到的结果，完成后取消选择。

　　（4）落入查询：打开 Lakes 图层，关闭 Districts 图层和 Rails 图层的显示，利用 Select Features 按钮选中任意一个湖泊，打开 Select By Location 对话框，将 Target layer(s) 设置为 "Districts"，将 Source layer 设置为 "Lakes"，勾选 "Use selected features"，在查询方法下拉框中选择 "completely contain the source layer feature"（图 15.10），点击【Apply】并打开 Districts 图层的显示，即可查询到选中湖泊所在的行政区。浏览查询到的结果，完成后取消选择。

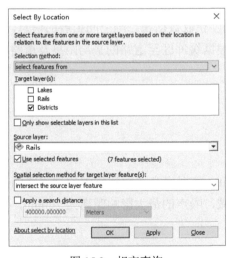

图 15.9　相交查询

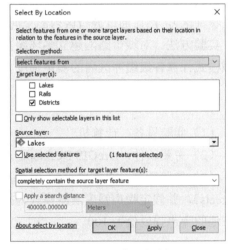

图 15.10　落入查询

六、实验说明

　　（1）Selection 菜单下的 Selection By Graphics，直译为"基于图形的查询"，其查询实质是根据图形的范围或位置来进行查询，因此本实验中称之为"基于位置的查询"。Selection 菜单下的 Selection By Location，直译为"基于位置的查询"，其查询实质是根据要素之间的空间关系来进行查询，因此本实验中称之为"基于空间关系的查询"。这一点与 ArcGIS 中文版中的名称有所不同，希望读者注意到这一差异。

　　（2）基于空间关系的查询方法还有很多种，有兴趣的读者可尝试使用其他的方法来进行空间查询，并理解这些空间关系的含义和现实作用。

实验 16　缓冲区分析

一、实验目的

理解缓冲区分析的原理，掌握缓冲区建立和缓冲区分析的基本方法。

二、实验内容

某房地产商准备开发一个住宅小区，需要对城市噪声进行分析，拟通过计算各地的噪声强度找出受噪声影响较小的区域。

三、实验原理与方法

实验原理：缓冲区分析是地理信息系统最重要和最基本的空间分析功能之一。它是对一组或一类地理要素按设定的距离条件，在其周围生成具有一定宽度范围的多边形区域（缓冲区），然后通过分析区内的空间数据，以获取数据在二维空间扩展的信息。

实验方法：对城市路网建立多环缓冲区，根据缓冲区至道路的平均距离及道路噪声衰减模式计算各级缓冲区内的噪声强度。

四、实验设备与数据

（1）实验设备：计算机。

（2）主要软件：ArcGIS Desktop。

（3）实验数据："实验 16"文件夹下 City 数据库交通数据集中的城市路网数据（streets），并假定噪声强度衰减模式为指数衰减，噪声的最大影响距离为 2000m，道路所在地的噪声强度值为 100。

五、实验步骤

（1）打开 ArcMap，加载城市路网数据 streets（图 16.1）。

（2）加载缓冲区工具（图 16.2）：点击菜单【Customize】→【Customize Mode...】，打开自定义对话框，点击 Commands 标签，在其左侧的目录（Categories）中选择"Tools"，在右侧的命令集（Commands）中找到"Buffer Wizard..."，将其拖至 ArcMap 的任一工具条上，然后关闭 Customize 对话框。

（3）根据道路噪声衰减的特点并研究路网数据的空间范围，确定适宜的缓冲距离及缓冲区数量。本实验中设定每个缓冲区的距离为 100m，根据最大影响距离（2000m），需要设定 20 个缓冲区。

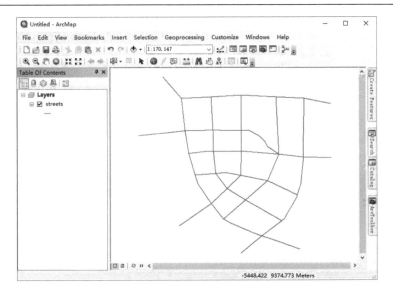

图 16.1　加载路网数据

图 16.2　加载 Buffer Wizard 工具

（4）点击第（2）步中添加的 Buffer Wizard 按钮，打开 Buffer Wizard 工具，选择需要建立缓冲区的数据 streets 图层（图 16.3），点击【下一步】，先在对话框下方设置建立缓冲区的距离单位为"Meters"，然后在缓冲区方法中选择"As multiple buffer rings"单选框以建立多个缓冲区环，设置缓冲区环的数量为 20，环间距离为 100m。浏览该选项右侧的各类缓冲区方法的结果图示，了解不同选项下生成的不同缓冲区（图 16.4）。

（5）点击【下一步】，首先设置 Buffer output type 标签中的 Dissolve barriers between 为"Yes"（表示缓冲区的重叠部分合并在一起，如道路交叉点的缓冲区），然后设置缓冲区多边形的保存位置与名称（图 16.5），最后点击【完成】生成缓冲区（图 16.6）。

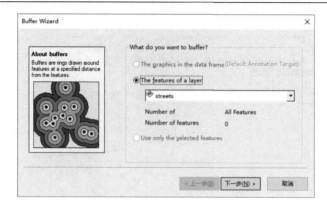

图 16.3　选择缓冲区的数据层

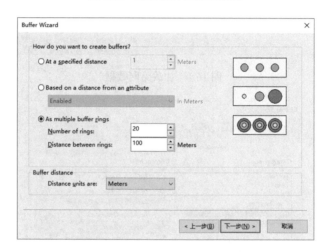

图 16.4　设置缓冲区的类型及参数

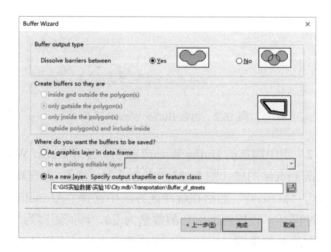

图 16.5　设置缓冲区的合并及保存路径

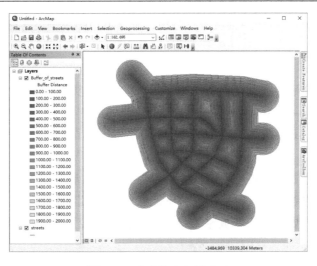

图 16.6　生成的多环缓冲区

（6）浏览缓冲区数据。先在内容表中，调整图层顺序，将 streets 图层置于缓冲区图层之上，并修改 streets 图层的线宽和颜色；其次检查缓冲区是否完全覆盖了整个城市区域；然后局部放大某一道路交叉口，查看缓冲区重叠部分的融合情况；最后打开缓冲区数据的属性表，了解表中 FromBufDst、ToBufDist 两个字段中记录的缓冲区起止距离。

（7）在缓冲区数据的属性表中添加一个 Long Integer 型的字段 MeanDist，采用字段计算器（Field Calculator），计算 FromBufDst 和 ToBufDist 字段的平均值（即平均距离）作为该字段的值。在字段计算器的文本框中输入计算式：([FromBufDst] + [ToBufDist]) /2。

（8）在属性表中再添加一个 Double 型的字段 Noise，并利用字段计算器，根据平均距离及噪声衰减模式（指数衰减）计算各缓冲区的噪声强度。在字段计算器的文本框中输入计算式：100 ^ (1- [MeanDist] /2000)。

（9）将噪声数据转换成栅格数据。打开 ArcToolbox，依次点击【Conversion Tools】→【To Raster】→【Feature To Raster】，双击打开转换工具，根据噪声强度（选择 Noise 字段），将缓冲区按噪声强度值转换成栅格数据（图 16.7）。转换中像元大小设置为 20m。

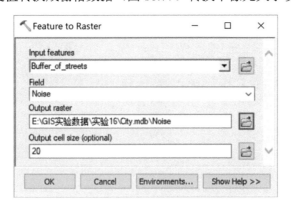

图 16.7　将噪声数据转换为栅格数据

（10）噪声制图。对噪声强度进行分级，制作城市噪声强度等级图。

六、实验说明

（1）ArcGIS 中建立缓冲区的方法很多，除了使用本实验中的 Buffer Wizard 工具外，还有【ArcToolbox】→【Analysis Tools】→【Proximity】中的 Buffer、Multiple Ring Buffer 工具，以及 Editor 工具条下的 Buffer 工具，读者可以比较这些工具在建立缓冲区时的差异。

（2）缓冲区环之间的距离不能太大，否则会造成大量的同等噪声区域。

（3）缓冲区的数量要足以使缓冲范围能够覆盖全部区域。

（4）噪声矢量数据转换成栅格数据时，栅格大小应以缓冲区距离的五分之一左右为宜。

（5）本实验假定各条道路产生的噪声强度、最大影响距离是相同的，但事实上每条道路的类型、路面质量、车流量等因素差异很大，产生的噪声也会各不相同，影响的范围也不一致。读者可以思考如何根据每条道路的噪声强度及影响范围生成全域的噪声分布数据。

（6）实验中所涉及的距离衰减模式，也可用于分析地价、水源作用、超市服务、城市效应等随距离增加而作用降低的情况。不同类型的要素，其距离衰减的模式各不相同。常见的衰减模式有线性衰减、二次衰减、指数衰减等。实际应用中可通过调查，在确定了不同要素的衰减模式后再作分析。

实验 17 叠 加 分 析

一、实验目的

理解矢量数据空间叠加分析的基本原理，掌握常用的空间叠加分析方法。

二、实验内容

根据规划道路的中心线及道路红线宽度（100m），确定各村将被征用的各类土地，并完成面积的分类统计。

三、实验原理与方法

实验原理：叠加分析是将两个或两个以上具有重叠关系的空间数据进行空间叠加的过程。叠加的结果不仅生成了新的空间关系，还将输入的多个数据层的属性联系起来产生了新的属性关系。对多边形之间的叠加来说，叠加后多边形之间相互切割，新生成的多边形的属性表中将继承参与叠加的数据的属性字段。

实验方法：先以规划道路的中心线为基础，采用道路宽度的二分之一作为缓冲距离，通过建立缓冲区确定用地范围；再将用地范围数据分别与土地利用数据、行政区划数据进行叠加，获取用地类型及所在村组信息；最后通过统计确定道路建设需要征用的各村各类土地的面积。

四、实验设备与数据

（1）实验设备：计算机。

（2）主要软件：ArcGIS Desktop、Microsoft Excel 等。

（3）实验数据："实验 17"文件夹下的相关数据，包括道路中心线（road.shp）、土地利用数据（landuse）、分村行政区划数据（village.shp）、道路用地统计表.xls。

五、实验步骤

（1）打开 ArcMap，加载 road.shp、village.shp 及 landuse 中的 Polygon，调整图层顺序（从上到下依次为 road、village、landuse polygon）。取消 village 图层的颜色填充（选择 Hollow 或在 Fill Color 的下拉框中选择"No Color"），以村名为标签进行文字标注，浏览数据（含属性表）。

（2）双击"实验 17"文件夹中的"道路用地统计表.xls"，在 Excel 中打开并浏览该文件，了解需要统计的数据，即各村各类用地面积（以"公顷"为单位）。

（3）打开 ArcToolbox，依次双击【Analysis Tools】→【Proximity】→【Buffer】，

打开缓冲区工具。在对话框中以 road 为输入数据，设置输出数据的路径和名称（road_buffer），以 50m 为缓冲距离，其余采用默认值，点击【OK】建立缓冲区（图 17.1），产生道路用地范围数据，浏览其属性表。

（4）在 ArcToolbox 中依次双击【Analysis Tools】→【Overlay】→【Intersect】，打开相交叠加工具。在对话框中设置 road_buffer、landuse polygon 为输入数据，设置输出数据的路径和名称（road_land），其余采用默认值，点击【OK】进行数据叠加（Intersect）（图 17.2），产生道路用地范围的土地利用数据，关闭除 road_land 外的其余图层，浏览 road_land 的属性表，了解各个字段分别继承于哪个输入数据。

图 17.1　通过 Buffer 生成道路用地范围　　　　　图 17.2　Intersect 叠加

（5）在 ArcToolbox 中依次双击【Analysis Tools】→【Overlay】→【Identity】，打开叠加工具 Identity。在对话框中设置 road_land 为输入要素，设置 village 为 Identity 要素，设置输出数据的路径和名称（road_land_village），其余采用默认值，点击【OK】再次进行数据叠加（Identity）（图 17.3），浏览新生成数据的属性表，可以看到每个地块都具有了所在村的属性数据，从而可以确定各地块所属的村。比较该数据与 road_land 之间的区别。

（6）重算土地面积。在 road_land_village 的属性表，新建一个名为 NewArea 的 Double 型字段，右键点击该字段标题，选择"Calculate Geometry…"，在打开的对话框确认 Property 下拉框中为"Area"，单位（Units）为 m^2（Square Meters），点击【OK】后生成新的面积，比较 NewArea 和 Area 字段中的面积差异，理解产生差异的原因。

（7）重算土地类型代码。从"道路用地统计表.xls"中可知，结果所需要的是一级土地类型的面积，而叠加后数据中的类型代码为 2~3 级，因此需要提取各类土地的一级代码。在 road_land_village 的属性表中，新建一个名为 NewCode 的 Short Integer 型字段，右键点击该字段标题，选择"Field Calculator…"，打开字段计算器，在其文本框中输入 Left([CODE],1)，点击【OK】后将原代码左侧第一个字符计算出来形成新的代码。Left 为字符函数，可在选择函数类型（Type）为 String 后在函数列表中双击该函数而输入，[CODE]为字段名称，可以在左上方的字段列表中双击而输入。检查新代码是否为原代码的第一位数字。

（8）面积分类汇总。采用 Frequency 工具统计各村各类土地的面积。在 ArcToolbox 中依次选择【Analysis Tools】→【Statistics】→【Frequency】，双击打开频数统计工具，以 road_land_village 为输入表格，设置输出表格的路径和名称（在"实验 17"文件夹中新建一个 Geodatabase，将统计表 SummaryTable 置于该 Geodatabase 之中），在 Frequency Field(s)列表框中选择"村名"和"NewCode"两个字段，在 Summary Field(s)列表框中选择"NewArea"字段，点击【OK】生成面积分类统计表（图 17.4）。

图 17.3　Identity 叠加　　　　　　　　　图 17.4　面积分类汇总

（9）表格输出与打开。右键点击 ArcMap 内容表中的统计表 Summary Table，选择【Data】→【Export…】，将该表输出为 dbf 文件（在 Save as type 中选择"dBASE Table"），并在 Excel 中打开该表（以下两点需要注意：一是在打开文件对话框右下角的文件类型下拉框中，选择"所有文件"类型，才会显示出上一步输出的表格；二是若在 Excel 中打开 dbf 文件时中文部分出现乱码，则可以在输出表时将其保存为文本文件（Text File），然后在 Excel 中打开它。打开时选择逗号作为分隔符号）。

（10）填表。对上一步生成表格中的面积进行单位换算（从 m^2 换算成 hm^2），将数据复制到"道路用地统计表.xls"中的对应位置（选择性粘贴>值）。

（11）制图。在 ArcMap 中根据叠加的结果制作道路用地图。

六、实验说明

（1）本实验为了说明叠加的原理，分别采用了 Intersect 和 Identity 两种叠加方法将道路用地数据与土地利用数据、行政区数据进行叠加。读者在熟悉矢量叠加的原理后，可以采用 Intersect 工具一次性完成这三个数据的叠加。

（2）叠加后生成的多边形的面积不能直接采用 Area 字段中的值，因为它是在叠加时从土地利用的 Coverage 数据中继承过来的，叠加后多边形之间进行了切割，面积会发生变化。本实验中采用 Calculate Geometry 工具重新计算了叠加后新生成的多边形的面积。事实上，若生成的数据置于 Geodatabase 之中（或转换成 Geodatabase 格式），则可直接采用 Shape_Area 字段中的值作为面积而无需通过 Calculate Geometry 来得到面积。

实验 18　空间网络分析

一、实验目的

理解空间网络分析的基本原理，掌握常用的网络分析方法，并能开展最佳路径分析。

二、实验内容

根据城市路网、学校、车站等数据，基于几何网络，模拟网络运行，确定不同类型的最佳路径。

三、实验原理与方法

实验原理：网络分析是通过研究网络的状态，模拟分析资源（物质、能源和信息）在网络上的流动和分配，以实现网络上资源的优化配置。

实验方法：对城市路网数据建立几何网络，设置网络的状态属性，进行网络跟踪，寻找多种类型的最佳路径。

四、实验设备与数据

（1）实验设备：计算机。

（2）主要软件：ArcGIS Desktop。

（3）实验数据："实验 18"文件夹下 City 数据库中的相关数据，包括城市路网数据（streets）、学校数据（schools）、车站数据（stations）。

五、实验步骤

（1）添加字段。打开 ArcMap，加载 streets 数据，打开其属性表，添加以下两个字段（图 18.1）：一个是名为 Speed 的短整型（Short Integer）字段，用于记录每条道路的

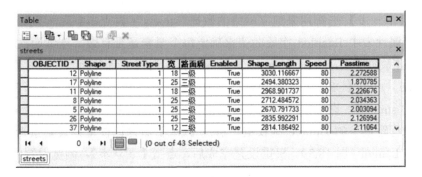

图 18.1　街道属性表

平均行车速度；另一个是名为 Passtime 的双精度（Double）字段，用于记录通过每条道路所花的时间。

（2）计算属性。点击属性表上的 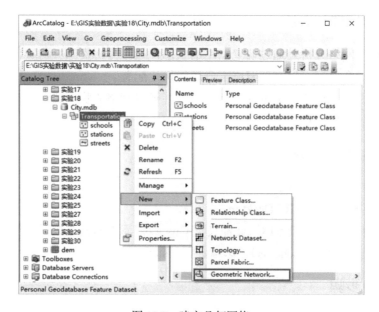 按钮，打开 Select By Attributes 对话框，选择某一类型道路（StreetType），采用字段计算器，在 Speed 字段中分别为每类道路输入平均行车速度（设 1、3、5、7、9 类道路的车速分别为 80 km/h、70 km/h、60 km/h、50 km/h、40 km/h），并根据道路长度（Shape_Length 字段，单位：meter）和行车速度（Speed）字段，采用字段计算器在 Passtime 字段中为每条道路计算通行时间：[Shape_Length] / ([Speed] *1000 / 60)（单位：minute）（图 18.1）。浏览输入的数据，关闭 ArcMap。

（3）建立几何网络。打开 ArcCatalog，右键点击城市路网数据（streets）所在的 Transportation 数据集，选择【New】→【Geometric Network...】（图 18.2），打开建立几何网络的对话框。

图 18.2　建立几何网络

（4）设置几何网络。点击【下一步】，采用默认值为新建的网络命名（Transportation_Net）；点击【下一步】，选择用来建立网络的数据"streets"；再点击【下一步】，选择"Yes"，表明将采用属性表中 Enabled 字段的值来确定每个要素是否有效。连续两次点击【下一步】，为网络添加权重。点击【New...】添加权重，为权重命名为"通行时间"，类型设置为 Double，点击【OK】后，在对话框下方的列表中为该权重设置要素（Feature Class Name）为"streets"，设置字段（Field Name）为"Passtime"。再次点击【New...】，添加名为"通行距离"的 Double 型权重，点击【OK】后为该权重设置要素为 streets、字段为 Shape_Length（图 18.3）。权重设置完成后，点击【下一步】，浏览设置的摘要信息，确认无误后点击【Finish】完成几何网络的创建。

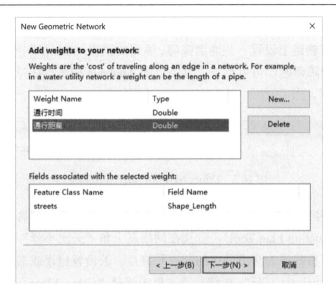

图 18.3　为几何网络设置权重

（5）对数据进行符号化。打开 ArcMap，加载上一步生成的几何网络 Transportation _ Net 及学校（schools）和车站（stations）数据。必要时调整图层顺序。对学校和车站数据进行符号化，并以其名称设置标签。对 streets 数据按街道类型（StreetType）进行符号化，类型越高（值越小）的街道线越宽，以反映路网的主次关系（图 18.4）。

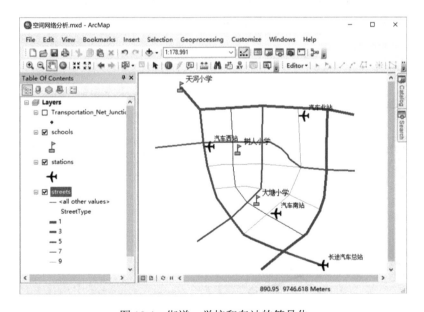

图 18.4　街道、学校和车站的符号化

（6）设置网络障碍。在 ArcMap 中右击任一工具条，选择"Utility Network Analyst"，打开设施网络工具条（图 18.5），点击工具条上的按钮 （Add Junction Barrier Tool），在

图中网络的某些节点上设置一些结点障碍，点击工具条上的按钮 （Add Edge Barrier Tool），在网络的某些链上设置一些通道障碍。障碍的设置，可以控制网络中的某些流动。需要清除已设置的障碍时，可以点击工具条上的 Analysis 按钮，在弹出的下拉菜单中选择"Clear Barriers"。

图 18.5　Utility Network Analyst 工具条

（7）默认最佳路径的确定。先用 Flag 设置网络分析的起点和终点：点击工具条上的按钮 ⬆（Add Junction Flag Tool），分别在网络左上角"天河小学"和右下角"长途汽车总站"处点击，将其设为网络分析的起点和终点。若设置错误或需要调整起止点，可点击工具条上的 Analysis 按钮，在弹出的菜单中选择"Clear Flags"清除标旗。然后在工具条右侧的 Choose Trace Task 下拉框中选择"Find Path"，并点击工具条最右端的按钮 ✗（Solve），即可产生最佳路径（图 18.6 中的深黑色线）。若最佳路径与道路颜色接近而不易识别，可点击工具条上的 Analysis 按钮，在弹出的菜单中选择"Options…"，点击 Results 标签，将分析结果的颜色设置为其他颜色。

（8）结果分析。观察障碍、起止点等对路径的影响，必要时可以清除障碍或起止点标旗并进行重新设置，然后重新计算最佳路径。要注意当前的"最佳"是以通过的街区（或节点）数量最少为标准的。在点击 Solve 按钮 ✗后，左下方状态栏中会给出路径的总成本（Total cost）。

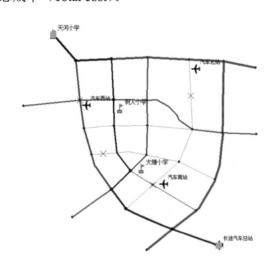

图 18.6　最佳路径分析结果

图 18.7　最佳路径的权重设置

（9）使用权重计算最快路径。在 Utility Network Analyst 工具条上点击【Analysis】→【Options…】，打开分析选项对话框，点击 Weights 标签，在 Edge weights 下的两个下拉

框中，指定"通行时间"作为权重（图 18.7），点击确定后在 Choose Trace Task 下拉框中设置任务为 Find Path，点击 Solve 按钮⚡计算最快路径。观察其总成本及所生成的路径，分析该路径与上一结果之间的差异。

（10）使用权重计算最短路径。采用上一步相同的方法，以"通行距离"为权重，计算最短路径，观察其总成本及所生成的路径，分析该路径与前述两个结果之间的差异。

（11）调整与分析。修改障碍、起止点，设置不同的权重，重新计算最佳路径并进行比较分析。

（12）制图。将网络分析所得的路径分别按 Drawing 和 Selection 的方式显示或输出（在 Utility Network Analyst 工具条上点击【Analysis】→【Options】→【Results】→【Results format】中设置。在 Selection 方式下，可将结果路径选中并转出为独立的数据），制作最佳路径分析图。

六、实验说明

（1）在几何网络中设置障碍以控制流动的方式有两种：一是如本实验中使用的节点或链障碍，可以用于如水管破裂、交通事故、道路施工等暂时性的网络状态属性设置；二是在交汇点（Junctions）或链（streets）的属性表中改变 Enabled 字段中的值（修改数据库），可用于一些永久性线路或节点改变。

（2）实验中读者可能会发现部分最佳路径通过了设置的障碍，这属正常现象，这是数据中的道路立交给路径搜索带来的影响。

（3）实验中注意比较是否设置权重及设置不同的权重时，所得结果之间的差异，找出差异产生的原因。

（4）ArcGIS 中还有一个扩展工具 Network Analyst，它可以更为灵活地模拟交通网络行为，有兴趣的读者可以采用该工具进行网络分析。

实验 19　栅格数据的统计分析

一、实验目的

理解栅格数据统计的原理，掌握常用的栅格数据统计分析方法。

二、实验内容

统计各类土地的平均坡度；分析三个降水表面数据的差异；提取土地利用数据的地类界线。

三、实验原理与方法

实验原理：栅格运算有三种主要模式——局域运算、邻域运算、分区运算，像元统计、邻域统计、分区统计是这三种运算模式的典型方法。像元统计用于计算多层栅格数据中具有相同空间位置的像元的统计值；邻域统计用于计算某一像元周围一定范围内像元的统计值；分区统计用于计算各分类区中被统计栅格像元的统计值。

实验方法：根据 DEM 生成坡度，采用分区统计方法统计各类土地的平均坡度；采用像元统计方法分析不同插值方法所得的降水数据之间的差异；采用邻域统计方法提取地类界线。

四、实验设备与数据

（1）实验设备：计算机。

（2）主要软件：ArcGIS Desktop、Microsoft Excel 等。

（3）实验数据："实验 19"文件夹下的相关数据，包括 DEM 数据 elevation，土地利用数据 landuse、landuse2，降水表面数据 rain1~rain3。其中的 elevation 和 landuse 数据源于 ArcGIS 安装目录下 Arctutor>Spatial 文件夹。

五、实验步骤

1. 环境设置

（1）设置空间分析模块。启动 ArcMap，单击菜单 Customize 下的【Extensions…】，在打开的扩展工具列表中，勾选"Spatial Analyst"，激活空间分析扩展模块，点击【Close】退出。

（2）设置空间分析环境：打开 ArcToolbox，右键点击工具箱顶部的 ArcToolbox，选择"Environments…"，在弹出的环境设置对话框中，点击展开 Workspace 标签，将当前工作空间（Current Workspace）和临时工作空间（Scratch Workspace）均设置为本实验数据所在的文件夹"实验 19"，点击【OK】完成设置（图 19.1）。

图 19.1　设置空间分析环境（工作空间）

2. 统计各类土地的平均坡度

（1）在 ArcMap 中加载高程数据 elevation 和土地利用数据 landuse。

（2）计算坡度：在 ArcToolbox 中依次双击【Spatial Analyst Tools】→【Surface】→【Slope】，打开坡度计算对话框，选择 elevation 作为输入栅格数据，设置输出数据的路径和名称，坡度的度量方式选择"DEGREE"，高程变换系数 Z factor 采用默认值"1"（图 19.2），点击【OK】开始计算坡度。

（3）统计坡度：在 ArcToolbox 中依次点击【Spatial Analyst Tools】→【Zonal】→【Zonal Statistics as Table】（分区统计为表），双击打开分区统计对话框，分区数据选择"landuse"，分区字段选择"LANDUSE"，被统计的栅格数据选择上一步生成的坡度数据，指定统计表输出的路径和名称，统计类型选择"ALL"，点击【OK】完成统计（图 19.3）。

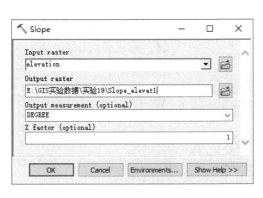

图 19.2　坡度计算　　　　　　　　　　图 19.3　分区统计

（4）在 ArcMap 的内容表中右键点击上一步生成的表格，选择"Open"，打开该表，浏览各类土地的各类坡度统计值（图 19.4），分析各类土地的平均坡度特征（Mean）。关闭 ArcMap。

	Rowid	LANDUSE	ZONE-CODE	COUNT	AREA	MIN	MAX	RANGE	MEAN	STD	SUM
▶	1	Brush/transitional	1	205	128125	0	64.124229	64.124229	15.237197	10.651479	3123.625421
	2	Water	2	43039	26899375	0	73.914909	73.914909	25.402098	15.760981	1093280.905601
	3	Barren land	3	21	13125	18.286465	46.437675	28.151211	32.245743	9.624872	677.160593
	4	Built up	4	25054	15658750	0	67.744156	67.744156	18.254651	11.59591	457352.034657
	5	Agriculture	5	59224	37015000	0	75.48436	75.48436	17.424078	12.915679	1031923.572493
	6	Forest	6	466816	291760000	0	77.111519	77.111519	33.964071	14.930397	15854971.737662
	7	Wetlands	7	8503	5314375	0	55.344296	55.344296	11.209958	8.392489	95318.274997

图 19.4　分区统计表格

3. 分析数据之间的差异

rain1、rain2 和 rain3 是采用不同的空间插值方法所得的降水表面数据，以下通过像元统计分析它们之间的差异，并计算综合结果。

（1）启动 ArcMap，加载数据 rain1、rain2 和 rain3。在 ArcToolbox 中依次点击【Spatial Analyst Tools】→【Local】→【Cell Statistics】，打开像元统计对话框，添加 rain1、rain2 和 rain3 至输入栅格数据列表框，统计类型（Overlay statistic）选择"RANGE"，设置输出栅格数据的位置与名称（图 19.5），点击【OK】将统计每一像元位置上三个数据的值域范围（Range）。

图 19.5　像元统计

（2）浏览上一步输出的数据，分析不同大小的值的空间分布状况，了解三个数据的差异。

（3）再次对 rain1、rain2 和 rain3 进行像元统计，统计类型选择"MEAN"，点击【OK】将统计这三个数据的平均值。若以上的差异符合相关要求，可采用平均值作为最终的降水表面数据。关闭 ArcMap。

4. 提取地类界线

（1）启动 ArcMap，加载数据 landuse2。打开 ArcToolbox，依次点击【Spatial Analyst Tools】→【Neighborhood】→【Focal Statistics】，双击打开邻域统计工具，设置输入栅格为"landuse2"，设置输出栅格的路径和名称，邻域设置为 3×3 像元的矩形区域，统计类型选择"VARIETY"（表示根据类型数量进行统计），点击【OK】统计邻域类型数量（图 19.6）。分析生成的数据，可以看到，在地块内部，土地类型只有一种；在一般的地块边界上，邻域内有两种地类；在三个地块交界处，邻域内有三种地类。因此数据中值大于 1 的像元为地类边界。

图 19.6　邻域统计

（2）依次双击【ArcToolbox】→【Spatial Analyst Tools】→【Reclass】→【Reclassify】，打开重分类工具，输入上一步所得的邻域统计数据，字段选择"VALUE"，在重分类列表中，将原值为 1 的像元赋予新值 NoData，原值为 2 和 3 的像元赋予新值 1，设置输出数据的路径与名称，点击【OK】进行重分类（图 19.7）。

（3）关闭其他图层，浏览上一步生成的结果，检查结果是否正确。

（4）依次点击【ArcToolbox】→【Conversion Tools】→【From Raster】→【Rater to Polyline】，双击打开转换工具，参照图 19.8 的设置，将以上重分类所得的栅格边界转换为矢量边界。

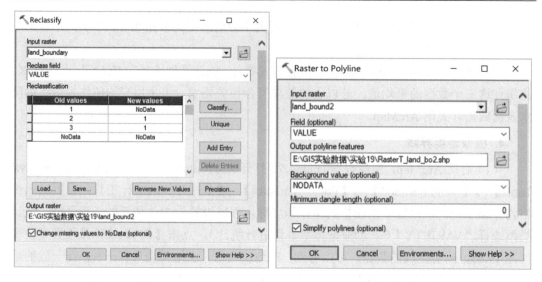

图 19.7　数据重分类　　　　　　　　　图 19.8　将栅格地类边界转换为矢量边界

六、实验说明

（1）因为本实验三个操作的数据之间空间范围及坐标系统不一致，所以需要在进行另一操作之前关闭原 ArcMap，重新打开一个新的 ArcMap 窗口。

（2）分析环境的设置可针对 ArcToolbox，也可针对某一具体的工具（每个工具对话框下方的【Enviroments…】按钮）。前者对 ArcToolbox 中的所有工具起作用，而后者只对所在工具产生影响。当重新打开 ArcMap 时，需要对 ArcToolbox 中的分析环境重新设置。

（3）在转换为矢量边界时，可能因为边界线像元过宽造成转换后生成的矢量线为格网线，所以可以考虑在转换前先使用 Thin 工具（【ArcToolbox】→【Spatial Analyst Tools】→【Generalization】→【Thin】），将栅格边界细化后再进行转换。

实验 20 地形特征点的提取

一、实验目的

掌握邻域统计分析、等高线的生成与显示、栅格计算等空间分析方法。

二、实验内容

根据 DEM 数据提取区域内的地形特征点——以提取山顶点为例。

三、实验原理与方法

实验原理：地形特征点（线）主要有山顶点、山脊线、山谷线、洼地、鞍部等（图 20.1）。根据 DEM 中相邻像元之间的相互关系，采用 GIS 的邻域统计等方法可以提取地形特征点（图 20.2）。

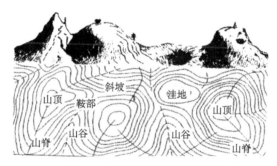

图 20.1 基本地形形态示意图

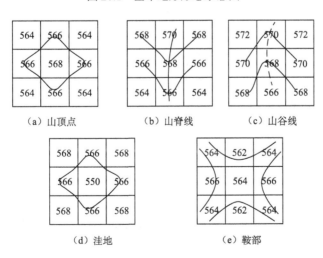

（a）山顶点   （b）山脊线   （c）山谷线

（d）洼地   （e）鞍部

图 20.2 地形特征点的数学表达

山顶点：图 20.2（a）中，中间像元的高程值比周围像元的都大，表明其在局部范围内是顶点。因此，若 DEM 中某一像元的邻域最大值与该像元本身的值相等，则该像元为山顶点。

山脊线：图 20.2（b）中，在南北方向上，像元的高程值由北向南降低，而其两侧像元的高程值均低于中部像元的高程，因而存在一个向南凸出的山脊。山脊所在地的坡向变率较大，且为正地形。

山谷线：图 20.2（c）中，在南北方向上，像元的高程值由北向南降低，而其两侧像元的高程值均高于中部像元的高程，因而存在一个向北凹进的山谷。山谷所在地的坡向变率较大，且为负地形。

洼地：如图 20.2（d）所示，与山顶相反，周边像元的高程均高于中间像元。

鞍部：图 20.2（e）中，中间像元在南北方向上是顶点，而在东西方向上是洼地。地理意义上它是山脊线与山谷线的交点。

实验方法：先用邻域统计方法找出一定大小邻域内高程的最大值，再将其与原 DEM 数据相减，找出值为零的地方即可提取出山顶点。

四、实验设备与数据

（1）实验设备：计算机。

（2）主要软件：ArcGIS Desktop。

（3）实验数据："实验 20"文件夹下的 DEM 数据。

五、实验步骤

1. 前期处理

（1）启动 ArcMap，点击菜单 Customize 下的【Extensions...】，勾选 "Spatial Analyst"，激活空间分析扩展工具，点击【Close】退出。

（2）加载 DEM 数据，对其进行符号化：采用 Stretched 的显示方式，颜色采用红绿过渡色带，地势高的采用红色，地势低的采用绿色（图 20.3）。

（3）打开 ArcToolbox，设置空间分析环境：将 Workspace 标签下的 Current Workspace 和 Scratch Workspace 均设置为本实验数据所在的文件夹"实验 20"，点击【OK】完成设置。

2. 根据 DEM 生成等高线

（1）在 ArcToolbox 中依次点击【Spatial Analyst Tools】→【Surface】→【Contour】，双击打开等高线生成工具，在 Input raster 下拉框中选择 DEM 作为输入数据，设置输出数据的路径和名称（Contour10），将等高距（Contour interval）设置为 10（单位：m），单击【OK】生成 10m 间距的等高线（图 20.4）。

（2）重复上一步，将等高距设为 50m，输出文件命名为 Contour50，并将 Contour50

数据层中的等高线加粗显示。

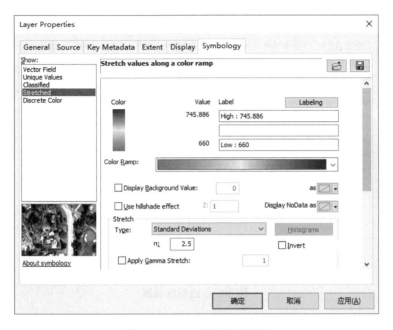

图 20.3　DEM 数据的符号化

3. 生成山体阴影，增强地形的立体效果

（1）在 ArcToolbox 中依次点击【Spatial Analyst Tools】→【Surface】→【Hillshade】，双击打开山体阴影工具，在 Input raster 选择"DEM"，设置输出数据的路径和名称（HillShade），太阳方位角（Azimuth）和高度角（Altitude）、Z factor 均采用默认值，点击【OK】生成阴影数据（图 20.5）。

图 20.4　生成等高线　　　　　　　　　　图 20.5　生成山体阴影

（2）右键点击 HillShade 数据层，选择"Properties"，在打开的图层属性对话框中选择 Display 标签，将其透明度（Transparency）设置为 60%（图 20.6）。

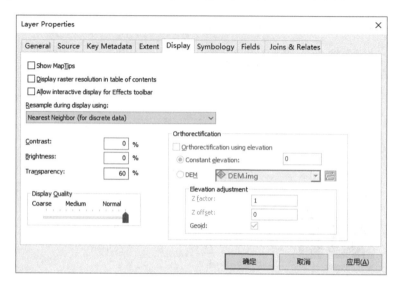

图 20.6　透明度设置

（3）将 Contour50、Contour10、HillShade、DEM 四个图层按从上到下的顺序设置，生成地形立体效果图（图 20.7）。

4. 对 DEM 求邻域最大值

在 ArcToolbox 中依次点击【Spatial Analyst Tools】→【Neighborhood】→【Focal Statistics】，打开邻域统计对话框，在 Input raster 中选择"DEM"，设置输出栅格的路径和名称（MaxDEM），邻域窗口设置为 11×11 的矩形（Rectangle），统计类型（Statistics type）选择最大值（MAXIMUM），单击【OK】生成邻域最大值数据（图 20.8）。

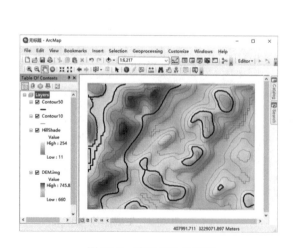

图 20.7　地形立体效果图

图 20.8　邻域统计

5. 提取山顶顶点

打开栅格计算器（【ArcToolbox】→【Spatial Analyst Tools】→【Map Algebra】→【Raster Calculator】），在其文本框中输入"MaxDEM"-"DEM.img"，设置输出数据的路径与名称（默认值），点击【OK】（图 20.9）；然后对新生成的栅格数据进行重分类（Reclassify），将值为 0 的像元赋值为"1"，值不为 0 的像元设为"Nodata"，输出数据命名为"TopPoint.tif"（图 20.10）。

6. 将顶点栅格转换成矢量数据

采用 Raster to Point 工具（【ArcToolbox】→【Conversion Tools】→【From Raster】→【Raster to Point】）将 TopPoint 输出为点要素，命名为"Peak"，并对其进行符号化，叠加在地形立体效果图上，制作专题图。

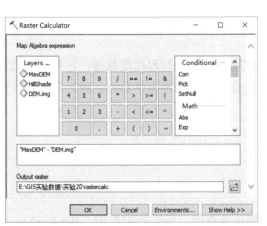

图 20.9　栅格计算

图 20.10　重分类

六、实验说明

（1）读者要注意理解本实验的核心，即提取山顶的算法——"邻域最大值与本像元值相同"。

（2）研究 TopPoint 或 Peak 中的山顶数据，理解平山顶的地方存在多个顶点的原因，思考如何解决这些问题。

实验 21　基于栅格的最低成本路径分析

一、实验目的

理解距离制图的基本原理，掌握基于栅格数据的最低成本路径分析方法。

二、实验内容

采用距离分析方法，寻找一条从起点至终点的最低成本路径。

三、实验原理与方法

实验原理：栅格像元之间的连通性受摩擦系数的影响，对某一分析目标而言，它具体体现为在某一空间位置上所需要的开销，即成本。通过计算累计成本和成本方向，可以找出从源到目标点的最低成本路径。

实验方法：首先根据高程数据生成地表坡度数据和地形起伏度数据，再将坡度数据和起伏度数据重分类为 5 个级别并赋值，加权叠加生成成本栅格数据，最后基于累计成本和成本方向计算最低成本路径。

四、实验设备与数据

（1）实验设备：计算机。

（2）主要软件：ArcGIS Desktop。

（3）实验数据："实验 21"文件夹下的相关数据，包括高程数据（elevation）、路径源点数据（source.shp）、路径终点数据（end.shp）。

五、实验步骤

1. 前期准备

（1）启动 ArcMap，单击菜单【Customize】→【Extensions…】，勾选 Spatial Analyst 扩展模块，点击【Close】退出。

（2）加载高程数据（elevation）、路径源点数据（source）、路径终点数据（end），合理调整图层顺序（elevation 位于最下方），并对数据进行符号化（如对 elevation 按红绿过渡色表示），使用标签标注源点和终点的名称。

（3）设置分析环境。打开 ArcToolbox，右键点击 ArcToolbox，选择"Environments…"，然后点击展开 Workspace 标签，将当前工作空间（Current Workspace）和临时工作空间（Scratch Workspace）设置为本实验数据所在的文件夹（实验 21），点击【OK】返回。

（4）在 ArcToolbox 中依次点击【Spatial Analyst Tools】→【Surface】→【Hillshade】，

双击打开阴影工具，选择 elevation 数据作为输入栅格，输出数据命名为"Hillshade"，其他参数采用默认设置，单击【OK】生成阴影数据（图 21.1），并将其透明叠加到 elevation 数据之上（在 Hillshade 图层属性对话框的 Display 标签下，设置透明度 Transparency 为 50%）。

2. 创建成本栅格数据

（1）确定成本因子及其权重：将地形坡度及地表起伏度作为影响路径选择的因子，本实验中假定其权重分别为 0.6 和 0.4。

（2）生成坡度数据：在 ArcToolbox 中依次双击【Spatial Analyst Tools】→【Surface】→【Slope】，打开坡度工具，选择 elevation 数据作为输入栅格，设置输出数据的路径和名称，其他采用默认设置，单击【OK】生成坡度数据（图 21.2）。

图 21.1 生成地形阴影

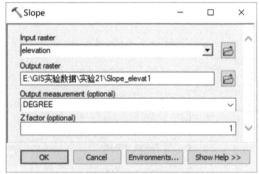

图 21.2 坡度计算

（3）对坡度重分类：在 ArcToolbox 中依次双击【Spatial Analyst Tools】→【Reclass】→【Reclassify】，打开重分类工具，设置上一步生成的坡度数据为输入栅格，单击【Classify...】按钮，采用自然断点法（Natural Breaks）将坡度数据分成 10 类，各类的新值分别为 1~10，设置输出数据路径并命名为"Reclass_Slope.tif"（图 21.3）。

（4）生成起伏度数据：在 ArcToolbox 中依次点击【Spatial Analyst Tools】→【Neighborhood】→【Focal Statistics】，双击打开邻域统计工具，选择高程数据（elevation）作为输入栅格，设置输出数据的路径和名称（QFD），邻域采用 7×7 的矩形，统计类型选择"RANGE"（图 21.4），点击【OK】生成起伏度数据。

（5）对起伏度数据重分类：采用与坡度数据重分类的相同方法对起伏度数据进行重分类及赋值，分类结果名为"Reclass_QFD.tif"。

（6）计算成本栅格数据：在 ArcToolbox 中依次点击【Spatial Analyst Tools】→【Map Algebra】→【Raster Calculator】，双击打开栅格计算器，在文本框中输入："Reclass_Slope.tif"* 0.6 + "Reclass_QFD.tif" * 0.4，输出数据命名为"Cost"，点击【OK】得到成本数据

（图21.5）。浏览新生成的数据。

图21.3　坡度重分类

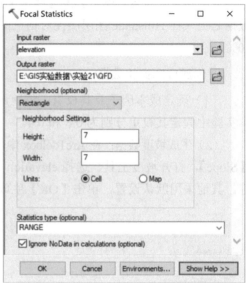

图21.4　通过邻域统计计算起伏度

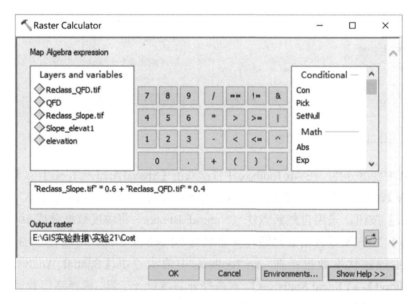

图21.5　计算成本栅格数据

3. 创建成本距离和成本方向栅格数据

在 ArcToolbox 中依次点击【Spatial Analyst Tools】→【Distance】→【Cost Distance】，双击打开成本距离工具，在 Input raster or feature source data 下拉框中选择"source"，Input cost raster 下拉框中选择"Cost"，设置成本距离（Output distance raster）和成本方向（Output

backlink raster，也称为后向连接栅格）数据的输出路径和名称（CostDistance、
CostDirection），点击【OK】，生成成本距离加权数据和成本方向数据（图 21.6）。浏览
新生成的数据。

4. 计算最低成本路径

在 ArcToolbox 中依次点击【Spatial Analyst Tools】→【Distance】→【Cost Path】，
双击打开成本路径工具，在 Input raster or feature destination data 下拉框中选择 "end"，
在 Input cost distance raster 下拉框中选择上一步生成的成本距离 "CostDistance"，在 Input
cost backlink raster 下拉框中选择成本方向数据 "CostDirection"，设置输出数据路径并命
名为 "CostPath"，其他参数保留为默认值，点击【OK】即可生成最低成本路径（图 21.7）。

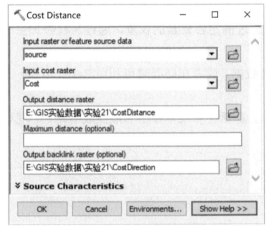

图 21.6　计算成本距离和成本方向数据

图 21.7　计算最低成本路径

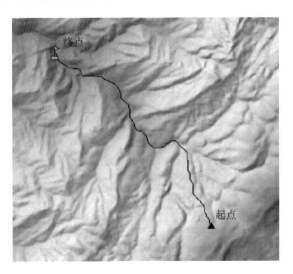

图 21.8　最低成本路径图

5. 结果浏览与分析

关闭除起点 Source、终点 end、路径 CostPath 及成本距离栅格 CostDistance 之外的其他图层，浏览并分析所得的路径与成本距离数据之间的关系；关闭 CostDistance，打开 elevation 和 Hillshade 图层，浏览并分析路径与地形之间的关系。

6. 制图

以地形为底图，制作最低成本路径图（图 21.8）。

六、实验说明

（1）影响路径选择的成本因素有很多，除了本实验中涉及的地形坡度和起伏度外，常见的还有植被、水文等因素。实际应用中，读者可根据确定的多个成本因素，收集相应的数据，对数据进行量化和标准化处理，合理确定各要素的权重，通过加权叠加生成成本栅格后，即可用于最低成本路径分析。

（2）本实验所得的最低成本路径为栅格数据，读者在必要时可利用 Raster to line 工具将其转换为矢量的线数据。

（3）读者可以尝试修改成本要素的权重，重新计算成本栅格和最低成本路径，观察并分析权重变化引起的路径变化。

实验 22   空 间 插 值

一、实验目的

理解空间插值的基本原理，掌握常用的空间插值方法。

二、实验内容

根据某月的降水观测点数据，采用多种方法进行空间插值，生成中国陆地范围内的降水表面，比较各种方法所得结果之间的差异并制作专题地图。

三、实验原理与方法

实验原理：空间插值是利用已知点的数据来估算其他邻近未知点的数据的过程，用于将离散的点数据转换成连续的栅格表面。常用的空间插值方法有反距离权重插值法（IDW）、样条插值法（Spline）和克里金插值方法（Kriging）等。

实验方法：分别采用 IDW、Spline、Kriging 方法对 1980 年某月全国各气象站点的降水数据进行空间插值，生成连续的降水表面数据，通过像元统计方法分析其差异，并制作降水分布图。

四、实验设备与数据

（1）实验设备：计算机。

（2）主要软件：ArcGIS Desktop（具有空间分析或三维分析扩展模块）。

（3）实验数据："实验 22"文件夹下的相关数据，它包括降水数据（rain1980.shp）、行政区划数据（province.shp）、城市数据（city.shp）、河流数据（river.shp）及其他基础地理数据。

五、实验步骤

（1）打开 ArcMap，加载降水数据（rain1980）、行政区划数据（province）、城市数据（city）、河流数据（river）及其他基础地理数据，浏览各数据（图形及属性），合理调整图层顺序，并对这些要素进行符号化，对 province 中的多边形取消颜色填充（Hollow），在"rain1980"图层属性对话框的 Display 标签下，将显示字段设为"rain"（降水量）。

（2）单击 Customize 菜单下的【Extensions…】，勾选"Spatial Analyst"，确保空间分析扩展功能已被激活，点击【Close】退出。

（3）设置分析环境。打开 ArcToolbox，右键点击【ArcToolbox】，选择"Environments…"，先点击展开 Workspace 标签，将当前工作空间（Current Workspace）和临时工

作空间（Scratch Workspace）设置为本实验数据所在的文件夹（实验 22），以实现操作数据的快速索引与存储，再点击展开 Raster Analysis，在 Cell Size 下拉框中选择"As Specified Below"，并在下方文本框中输入"10000"以指定输出栅格的像元大小（图 22.1），最后点击【OK】。

（4）IDW 插值。在 ArcToolbox 中依次双击【Spatial Analyst Tools】→【Interpolation】→【IDW】，打开反距离权重插值工具，在 Input point features 下拉框中输入数据"rain1980"，Z 值字段选择"rain"，设置输出栅格的路径和名称（Idw1），认识其余参数，理解其作用，保留其默认值（图 22.2），点击【OK】生成插值结果，浏览插值结果数据，可以注意到输出数据的范围与输入数据的范围是一致的，但与行政区划数据 province 的范围有较大的差异。

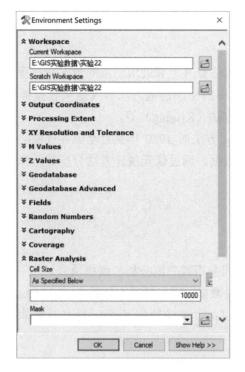

图 22.1　设置工作空间和像元大小

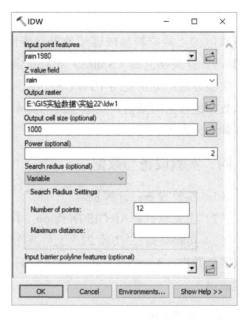

图 22.2　IDW 插值

（5）双击打开 IDW 工具，先点击工具下方的【Environments...】，在 Processing Extent 标签中，将分析范围 Extent 设置为与行政区数据 province 一致（Same as layer province）（图 22.3），点击【OK】返回 IDW 工具，然后与上一步进行同样的设置（输出结果命名为 Idw2），点击【OK】后生成插值结果，浏览输出数据的范围，比较其与 Idw1、rain1980、province 之间的范围差异。

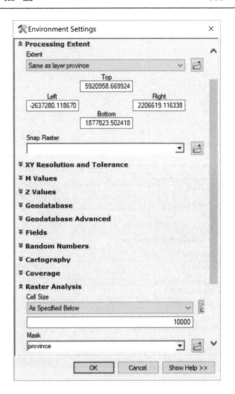

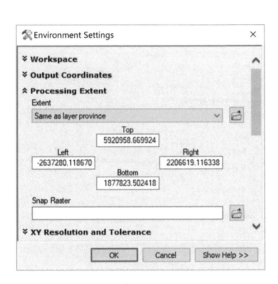

图 22.3　设置空间分析范围　　　　　　图 22.4　同时设置空间分析的范围与掩膜

（6）再次双击打开 IDW 工具，先点击【Environments...】，与上一步相同，在 Processing Extent 中将分析范围 Extent 设置为与行政区数据 province 一致（Same as layer province），同时在 Raster Analysis 中将 Mask 设置为 "province"（图 22.4），点击【OK】返回 IDW 工具，然后与上一步进行同样的设置（输出结果命名为 Idw3），点击【OK】后生成插值结果，浏览输出数据。

（7）比较 IDW 插值生成的以上三个数据（Idw1、Idw2、Idw3）之间的空间范围差异，以及它们与 rain1980、province 等数据之间的空间范围差异，分析原因，理解空间分析范围 Extent 与掩膜 Mask 设置对插值结果空间范围的影响。

（8）样条插值。在 ArcToolbox 中依次双击【Spatial Analyst Tools】→【Interpolation】→【Spline】，打开样条插值工具，如图 22.5 所示设置各个参数（输出数据命名为 "Spline1"），并点击【Environments...】，在分析环境设置中如图 22.4 所示同时设置分析范围 Extent 与掩膜 Mask 为 "province"，点击【OK】生成样条插值结果，浏览结果数据。

（9）克里金插值。在 ArcToolbox 中依次双击【Spatial Analyst Tools】→【Interpolation】→【Kriging】，打开克里金插值工具，如图 22.6 所示设置各个参数（输出数据命名为 "Kriging1"），与上一步一样同时设置分析范围 Extent 与掩膜 Mask 为 "province"，点击【OK】生成克里金插值结果，浏览结果数据。

图 22.5　样条插值

图 22.6　克里金插值

（10）数据对比。①比较三种插值方法所得的结果（Idw3、Spline1、Kriging1），浏览其图形之间的差异、比较它们的值域范围，以及它们与 rain1980 中的降水值域之间的值域差异，理解三种插值方法的不同特征。②关闭除 rain1980、Idw1、Idw2、Idw3 之外的图层，采用 Tools 工具条上的 Identify 工具，点击图中任一气象站点，在 Identify 窗口上方选择"Visible Layers"，再次进行点查询，观察不同图层中的同一位置的数据差异。

（11）统计分析。采用实验 19 中的像元统计方法（【Cell Statistics】→【Range】），比较三种插值方法所得结果之间的差异大小，认识差异的空间格局，分析差异产生的原因。

（12）结果制作。采用栅格计算器计算三种方法所得结果的平均值（相加除以三），以此作为最终的插值结果数据。

（13）制图。将 ArcMap 切换到版面视图窗口，添加图名、图例、比例尺等制图要素，制作降水分布图。

六、实验说明

（1）在采用以上方法完成空间插值的基础上，读者可以尝试修改三种方法中的其他参数，比较结果之间的差异，理解不同参数对结果的影响。

　　（2）本实验中通过像元统计工具中的值域（Range）来认识不同插值方法所得数据之间的数值差异，这往往不能反映真实的差异强弱，利用差异百分比能更加准确地评估不同插值结果的差异。

　　（3）实验步骤第（12）步中采用了栅格计算器来计算多种插值方法的降水平均值，事实上读者也可以采用像元统计工具中的平均值统计方法（Mean）来计算。

实验 23　DEM 的生成与应用

一、实验目的

了解 DEM 表面创建的基本过程，熟悉 DEM 分析与应用的基本方法。

二、实验内容

采用等高线和高程点生成 DEM，并通过对坡度的分析，在某一地区中找出适宜退耕还林的区域，统计各村可以退耕还林的面积。

三、实验原理与方法

实验原理：根据生态建设的需要，陡坡耕地需要退耕还林。因此退耕区域需要符合两个条件：一是地形坡度大于 25°，二是土地类型为耕地。通过具有高程信息的点、线，可以生成 TIN 表面；根据 TIN 表面可以生成栅格 DEM；通过坡度计算与重分类可以找出坡度大于 25°的区域；通过空间查询，可以找出耕地；通过栅格叠加计算，可以找出符合多个条件的像元；通过分区统计，可以求出各区的相关信息。

实验方法：根据高程点和等高线数据生成 TIN，将 TIN 转换为栅格 DEM，计算坡度，对坡度进行重分类以获取陡坡区域（大于 25°），提取土地中的耕地并将其与陡坡数据叠加从而得到退耕区域，最后采用分区统计方法，求出各村退耕还林的面积。

四、实验设备与数据

（1）实验设备：计算机。

（2）主要软件：ArcGIS Desktop（具有三维分析扩展模块）。

（3）实验数据："实验 23"文件夹下 H48G067084 数据库中的相关数据，包括地类图斑、行政区划，以及高程点和等高线。

五、实验步骤

（1）打开 ArcMap，加载地貌数据集里面的高程点和等高线，浏览这些数据，并注意其属性表中记录高程值的字段 BSGC（标识高程）。

（2）单击菜单【Customize】，选择"Extensions…"，勾选"3D Analyst"，确保该扩展模块已被激活，点击【Close】退出。

（3）打开 ArcToolbox，打开其环境设置窗口，将当前工作空间和临时工作空间均设置为本实验数据所在的文件夹（实验 23）。

（4）创建 TIN。在 ArcToolbox 中，依次双击【3D Analyst Tools】 → 【Data

Management】→【TIN】→【Create TIN】，打开创建 TIN 工具，设置输出数据的路径和名称（tin），在输入要素类（Input Feature Class）下拉框中选择"高程点"，在下方列表框的高程字段（Height Field）中选择高程所在的字段"BSGC"；再在输入要素类下拉框中选择"等高线"，并将其高程字段也设置为"BSGC"（图 23.1），点击【OK】生成 TIN。浏览 TIN 数据，注意观察由高程点和等高线上的点所构成的不规则三角网。

图 23.1　创建 TIN 表面　　　　　　图 23.2　将 TIN 转换成栅格

（5）生成 DEM。在 ArcToolbox 中依次双击【3D Analyst Tools】→【Conversion】→【From TIN】→【TIN to Raster】，打开 TIN to Raster 工具，以上一步生成的 tin 作为输入数据，设置输出数据的路径和名称（dem）。在 Sampling Distance 下拉框中选择"CELLSIZE"，并将像元大小设为 5m，其余采用默认值（图 23.2），点击【OK】生成 DEM。关闭除 dem 之外的所有图层，浏览新生成的 dem 数据。

（6）计算坡度。在 ArcToolbox 中依次双击【3D Analyst Tools】→【Raster Surface】→【Slope】，打开坡度计算工具，以上一步生成的 dem 数据为输入数据，设置输出数据的路径和名称（Slope），其余采用默认值（图 23.3），点击【OK】生成坡度数据。

图 23.3　计算坡度

（7）提取陡坡区域。在 ArcToolbox 中依次双击【3D Analyst Tools】→【Raster Reclass】→【Reclassify】，打开重分类工具，以上一步生成的坡度数据（Slope）为输入数据，点击【Classsify...】，以 25 为断点将坡度分类两类，点击【OK】后返回重分类工具，在其列表框中将坡度小于等于 25°的赋新值为"NoData"，大于 25°的设为 1，输出的栅格数据命名为"Slope25.tif"（图 23.4），单击【OK】，所得结果即为陡坡区域。关闭除 Slope25 之外的所有图层，浏览陡坡区域。

图 23.4　重分类以提取陡坡区域

（8）提取耕地。①加载土地利用数据集里的"地类图斑"，打开并浏览其属性表，认识各个字段的内容，观察 DLDM 和 DLMC 字段中记录的"地类代码"和"地类名称"，要注意所有类型耕地的代码都以"11"开头。②点击菜单【Selection】→【Select by Attributes...】，在 Layer 下拉框中选择"地类图斑"图层，在 Method 下拉框中选择"Create a new selection"，在条件语句框中输入：[DLDM] LIKE "11*"（"11*"表示以 11 开头的地类代码），点击【OK】（图 23.5），此时被选中的耕地图斑将高亮度显示，打开属性表也可看到被选中的要素。③右击"地类图斑"图层，选择【Data】→【Export Data...】，在输出对象上选择"Selected features"，在保存类型（Save as type）下拉框中选择 Shapefile，输出文件命名为"arable.shp"，点击【OK】，将所选的耕地输出为独立的数据（图 23.6），在弹出的对话框中点击【Yes】，表明将输出数据加载到当前地图中。④点击工具条上的 Clear Selected Features 按钮⬛取消选择，关闭除 arable、Slope25 之外的所有图层，浏览其重叠区域（即为退耕区域）。

（9）将耕地数据转换为栅格数据。在 ArcToolbox 中依次双击【Conversion Tools】→【To Raster】→【Feature to Raster】，打开矢量转栅格工具，选择"arable"为输入数据，选择"DLDM"为值域字段，设置输出数据的路径和名称（arableRaster），像元大小设为 5m（图 23.7），点击【OK】将耕地的矢量数据转换为栅格数据。

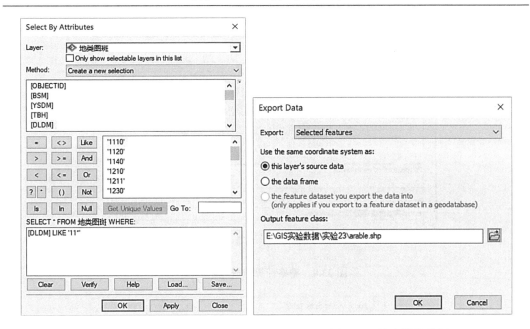

图 23.5　选择耕地　　　　　　　　　　图 23.6　输出耕地数据

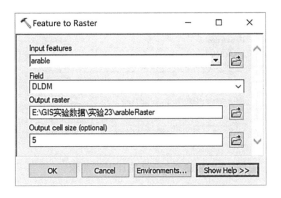

图 23.7　将耕地矢量数据转换为栅格数据

（10）生成退耕区域。在 ArcToolbox 中依次双击【Spatial Analyst Tools】→【Map Algebra】→【Raster Calculator】，打开栅格计算器，在文本框中输入："Slope25.tif" * "arableRaster"（即两个数据相乘），设置输出数据的路径和名称（SlopeArable），点击【OK】生成退耕区域数据（图 23.8）。浏览数据，检查所得结果是否为两个输入数据的重叠部分。

（11）数据统计。加载行政区划数据，在 ArcToolbox 中依次双击【Spatial Analyst Tools】→【Zonal】→【Zonal Statistics as Table】，打开分区统计表工具，以行政区划数据为分区数据，以其行政区划代码字段（XZQHDM）为分区字段，以 SlopeArable 为被统计栅格，设置输出表格的路径和名称（ZonalSta）（图 23.9），点击【OK】对各村退耕还林的区域进行统计。打开并浏览统计表 ZonalSta，从表中的 AREA 字段中了解各村退耕的面积。

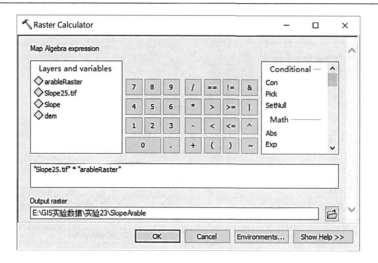

图 23.8　栅格计算求取退耕区域

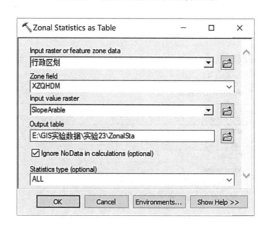

图 23.9　分区统计退耕面积

六、实验说明

（1）本实验中的陡坡耕地提取采用的是空间叠加方式（栅格计算），实际应用中也可以采用掩膜的方式，即先将耕地从地类图斑数据中提取出来，然后在对坡度数据进行重分类时，环境设置中以耕地数据（arable）为掩膜，则重分类所得的陡坡地将是耕地范围内的陡坡地，也就是说，重分类的结果区域既是陡坡又是耕地。

（2）在 ArcGIS 的某些版本中，不能将输出数据直接保存在文件夹中，需要将其保存在 Geodatabase 之内。若是输出数据为栅格数据，则需要在其名称后添加扩展名（如*.tif）。

（3）图 23.9 中输出的统计结果为 Info 表，可在 ArcGIS 中浏览或使用。若有必要，读者可以将统计结果表输出为其他格式的表格（如 dbf 格式），以利于在 Excel 或其他程序中打开并使用。

实验 24 三维显示与三维动画制作

一、实验目的

理解三维显示的原理，掌握在场景中进行三维立体显示和制作三维动画的基本方法。

二、实验内容

根据 DEM 数据，对地形进行三维立体显示，并制作不同的三维动画。

三、实验原理与方法

实验原理：三维可视化是一种计算机图形生成技术，它首先在计算机中构造显示所需的几何模型，然后根据一定的光照条件，计算显示屏幕上可见的各景物的表面光线亮度，使产生的视觉效果给人以身临其境的感觉。三维动画是将不同角度、不同高度下的三维场景进行连续动态展示的结果。

实验方法：根据 DEM 数据，创建山体阴影，在 Arc Scene 中对地形表面进行透明度设置并与山体阴影表面叠加，以实现地形的三维立体显示。在此基础上沿指定飞行路径创建一个飞行动画，并采用屏幕捕捉、过程录制等方式生成三维动画。

四、实验设备与数据

（1）实验设备：计算机。

（2）主要软件：ArcGIS Desktop（具有三维分析扩展模块）。

（3）实验数据："实验 24"文件夹下的相关数据，包括高程数据（elevation）、飞行路线数据（Path.shp）。

五、实验步骤

（1）加载并浏览数据。打开 ArcScene，加载 elevation 数据，点击 Tools 工具条上的导航按钮，在显示区中拖动鼠标，从不同角度浏览数据，可以看到该数据此时并未呈现出地形的高低起伏特征。

（2）对高程进行符号化。右击 elevation 图层，点击【Properties...】，打开属性对话框，点击 Symbology 标签，在显示方式（Show）中选择拉伸（Stretched），在颜色条（Color Ramp）上选择红蓝过渡色，并勾选 Invert 复选框，点击【确定】，高程将以彩色显示，其中红色表示地势较高的地方，蓝色表示地势较低的地方。浏览该数据，可以发现冷暖色调的搭配增强了地形高低差别的图形效果。

（3）三维显示。再次打开 elevation 图层的属性对话框，点击 Base Heights 标签，设置该数据进行三维立体显示所用的基准高程：选择 Floating on a custom surface 单选框，并在其下拉列表框中选择 elevation 数据，即从 elevation 自身获取高程值，必要时对垂直方向转换系数（Factor to convert layer elevation values to scene units）进行修改，以突出（大于 1）或缩小（小于 1）地形起伏的视觉效果，或用于满足水平距离与高程单位不一致的需要（图 24.1），设置完毕后单击【确定】。浏览该数据，可以看到地形已按三维方式显示。通过导航工具旋转或缩放地图场景，从不同角度或高度浏览地形。

（4）阴影创建。打开 ArcToolbox，依次双击【3D Analyst Tools】→【Raster Surface】→【Hillshade】，打开阴影工具，以 elevation 为输入数据，设置输出数据的路径和名称（实验 24\hillshade），其余采用默认设置，点击【OK】创建山体阴影。

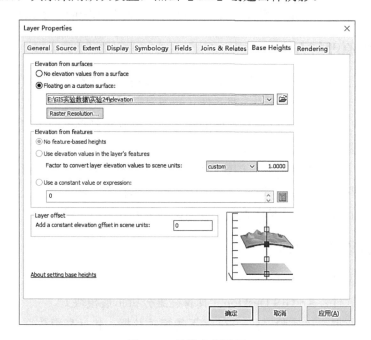

图 24.1　基准高程设置

（5）立体增强。①右击 hillshade 图层，选择"Properties..."，打开属性对话框，点击 Base Heights 标签，选择 Floating on a custom surface 单选框，并在其下拉列表框中选择 elevation 数据（即从 elevation 获取高程值），垂直方向转换系数与 elevation 图层中的系数一致，点击【确定】完成高程设置。②右击 elevation 图层，选择"Properties..."，点击 Display 标签，将透明度（Transparency）设置为 50%，点击【确定】按钮，实现地形立体效果的增强（图 24.2）。

（6）浏览并分析。拖动鼠标或滑动滚轮，从不同角度或高度浏览立体增强后的地形。反复关闭、打开阴影数据 hillshade，比较有、无山体阴影时地形立体效果之间的差异。

（7）加载飞行路径数据 Path，对其进行符号化（设置较为明显的线型和颜色），参照第（3）步将其基准高程指定为从 elevation 表面获取，点击【确定】后可以看到地形表面上飞行线路的投影（图 24.2）。

图 24.2　地形的三维立体显示

（8）右击 Path 图层，选择 Open Attribute Table 打开其属性表，选择其中的要素（飞行线路）。

（9）右键点击任一工具条，选择"Animation"，打开动画工具条。点击工具条上的"Animation"，在其下拉菜单中选择"Create Flyby from Path…"，在弹出的对话框中，将 Vertical offset 设置为"1500"（即飞行高度离地面 1500m），适当调高简化系数（Simplification factor），其他保持默认设置，点击【Import】，完成沿指定路径飞行动画的创建（图 24.3）。

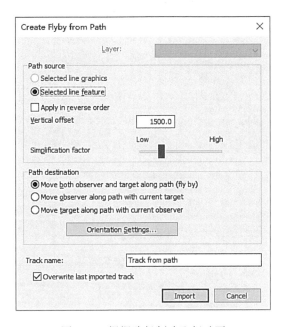

图 24.3　根据路径创建飞行动画

（10）点击 Animation 工具条上的 Open Animation Controls 按钮▣，打开动画控件（Animation Controls），点击 Play 按钮▣，播放飞行动画。

（11）点击 Animation 工具条上的【Animation】→【Export Animation...】，设置输出动画的路径和名称，点击【Export】按钮，将其输出为可用多媒体播放器进行播放的 AVI 视频文件。

（12）采用某一视频播放器对上一步输出的视频文件进行播放。

（13）点击 Animation 工具条上的屏幕捕捉（Capture View）按钮▣，然后采用 Tools 工具条上的导航按钮▣对地形进行任意旋转或缩放；再次点击捕捉按钮▣，再次改变视图场景，重复多次后，点击动画控件上的 Play 按钮，Arc Scene 将多次捕捉的场景进行平滑处理后，生成一个连续的动画过程并进行播放。

（14）点击动画控件上的录制按钮▣，然后对场景进行任意浏览，浏览结束点击结束按钮▣完成录制，再次点击播放按钮▣，将对刚才的浏览过程进行动画播放。

（15）比较以上不同的三维动画制作方法的特点。

六、实验说明

（1）本实验中对 elevation 图层进行透明设置和叠加，是基于该图层位于阴影图层 hillshade 之上。若图层顺序相反，即 hillshade 图层在 elevation 图层之上，则应对位于上方的 hillshade 图层进行透明设置和叠加，必要时可将两个图层都设置为透明。

（2）三维动画的录制有多种方法，不同的方法有不同的特点和应用方向。有时间的读者可以尝试采用不同的方法或参数制作多个三维动画，比较在不同方法、不同参数环境下三维动画的不同。

实验 25　空间图解建模

一、实验目的

了解空间图解建模的一般过程，掌握空间图解建模的基本方法。

二、实验内容

建立直观的空间处理图解模型，根据地类图斑生成带有地类代码和地类名称信息的点要素。

三、实验原理与方法

实验原理：图解建模用图形语言将具体的空间处理过程模型化，以流程图的形式执行 GIS 的地理处理工作。ArcGIS 中的 ModelBuilder 是可以用来构造地理处理工作流和生成脚本的图形化建模工具。

实验方法：在 ModelBuilder 中建立图解模型，实现由面生成点、属性字段添加与属性输入等任务。

四、实验设备与数据

（1）实验设备：计算机。

（2）主要软件：ArcGIS Desktop。

（3）实验数据："实验 25"文件夹下的相关数据，它包括地类图斑、土地类型代码表（landusecode.dbf）。

五、实验步骤

（1）打开 ArcCatalog，浏览"实验 25"文件夹中的数据，注意地类图斑属性表中已存在的地类代码字段（DLDM），以及 landusecode.dbf 表中的地类代码字段（DLDM）和地类名称字段（NAME）。

（2）在 ArcCatalog 左侧目录树（CatalogTree）窗口中，右键点击"实验25"，选择【New】→【Toolbox】，新建一个工具箱，可命名为 land.tbx。

（3）右键点击新建的工具箱 land.tbx，选择【New】→【Model...】，打开模型构建器 ModelBuilder（对已有的 Model，右键点击并选择"Edit..."即可在 ModelBuilder 中打开该模型并进行编辑）（图 25.1）。

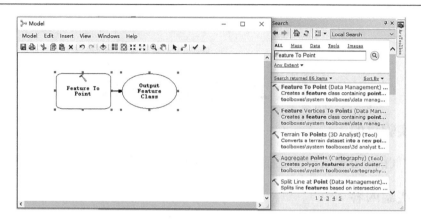

图 25.1　为 ModelBuilder 添加数据转换工具

（4）点击 ArcCatalog 标准工具条上的 Search 按钮，在搜索框内输入"Feature To Point"，在其下的工具列表框中找到该工具后，直接将其拖入 ModelBuilder 的显示区中（图 25.1）。

（5）参照上一步，分别搜索 Add Field、Make Feature Layer、Add Join、Calculate Field 工具，并依次将它们拖入 ModelBuilder 的显示区中，按图 25.2 所示的顺序进行排列。

（6）在 Model 窗口的工具条上点击 Connect 按钮，分别连接 Output Feature Class 至 Add Field（在弹出选项中选择 Input Table）、Output Layer 至 Add Join（在弹出选项中选择 Layer Name or Table View）、Output Layer Name 至 Calculate Field（在弹出选项中选择 Input Table）（图 25.2）。

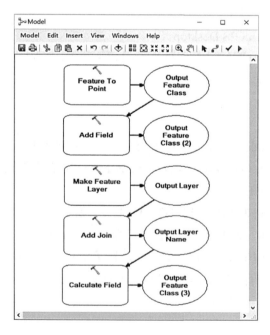

图 25.2　添加更多的空间处理工具与连接

（7）右键点击"Feature To Point"，选择【Make Variable】→【From Parameter】→
【Input Features】，为该工具添加一个输入变量 Input Features。从目录树中将
H48G051024.mdb 中的"地类图斑"数据拖移至该变量中；双击"Feature To Point"工具，
在打开的对话框中核对输入与输出要素，并勾选 Inside 选项（将生成的点限定在原多边
形内），点击【OK】（图 25.3）。

图 25.3　Feature To Point 工具的设置

（8）双击【Add Field】工具，在弹出的对话框中，设置字段名为"地类名称"，
字段类型选择"TEXT"，字段长度输入 20，其余保留默认设置（图 25.4），点击【OK】
完成字段的添加。

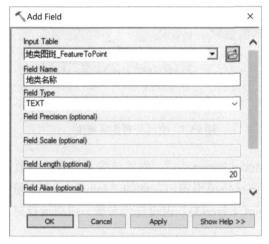

图 25.4　添加字段的参数设置　　　　图 25.5　添加连接的参数设置

（9）点击工具条上的 Connect 按钮，连接地类图斑_FeatureToPoint (2)至【Make
Feature Layer】（在弹出选项中选择"Input Feature"）。

（10）右键点击"Add Join"工具，选择【Make Variable】→【From Parameter】→
【Join Table】，为该工具添加一个输入变量 Join Table。从目录树中将"实验 25"文件夹
下的 landusecode.dbf 拖移至该变量中；双击"Add Join"工具，在打开的窗口中核对输
入图层的名称和用于连接的表格（第 1、3 项），在 Input Join Field 下拉框中选择地类代

码字段"DLDM"，Output Join Field 也选择地类代码字段"DLDM"，点击【OK】，建立数据连接（图 25.5）。

（11）双击 Calculate Field 工具，在打开的窗口中核对输入的表格，在 Field Name 下拉列表框中选择"地类图斑_FeatureToPoint.地类名称"，在 Expression 下的文本框中输入"[landusecode.NAME]"（点击该框右边的按钮，打开字段计算器对话框，双击字段列表框中的[landusecode.NAME]，点击【OK】）（图 25.6），点击【OK】为"地类名称"计算属性（即将 landusecode 表中的"NAME"复制到点的"地类名称"字段中）（图 25.7）。

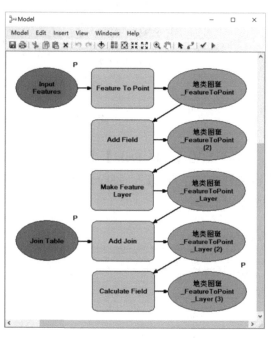

图 25.6　字段计算的参数设置　　　　图 25.7　空间处理图解模型

（12）右键点击 Input Features，选择"Model Parameter"，则将该变量设置为参数，其右上角会出现标识"P"（图 25.7）。同样的方法将模型窗口左侧的"Join Table"变量、最右下角的输出变量"地类图斑_FeatureToPoint_Layer(3)"也设置为参数。模型运行时，参数将出现在模型窗口的界面中。

（13）为便于模型的理解，往往需要为模型中的变量更名。分别右键点击 Input Features、Join Table、地类图斑_FeatureToPoint_Layer(3)，在弹出的菜单中选择"Rename…"，将其分别更名为"输入要素""连接表格""输出要素"。

（14）点击 Model 窗口工具条上的 Save 按钮，保存模型 Model（若需更名，可通过菜单中的 Save As，或在保存并关闭模型窗口后从工具箱中更名）。

（15）双击 land.tbx 工具箱内的 Model（或右键点击选择"Open…"），打开模型工具，注意观察设置的三个参数及其中的默认变量（图 25.8），点击【OK】运行模型（或者直接点击 ModelBuilder 工具条上的运行按钮，注意运行的结果将保存在"实验 25"

文件夹下）。运行结束，点击【Close】关闭运行窗口。

图 25.8　图解模型运行界面

（16）在 ArcCatalog 中浏览新生成的点数据，观察其属性表中的地类代码字段（DLDM）和地类名称字段（DLMC）。

（17）在模型窗口中，依次点击菜单【Model】→【Export】→【To Python Script...】，将模型输出为脚本文件（可命名为 landscripts），用记事本打开该文件，浏览其结构，理解各部分代码的作用。

（18）为提高模型的可读性，可为模型中的要素添加标签。右键点击模型中的要素，选择"Create Label"，为标签输入文字并调整其位置。完成模型修改后需要再次保存模型。

六、实验说明

（1）本实验里加入模型中的各个工具，是通过搜索工具找到的。若读者熟悉各个工具在 ArcToolbox 中的位置，也可以从 ArcToolbox 中将工具直接拖入模型构建器中。

（2）再次采用原数据运行模型时，需要更改输出数据的名称或在运行前删除上一次生成的数据。

（3）读者可以在模型中删除预设的输入输出数据，由用户在每次打开模型时自己设置输入输出数据的路径和名称。

（4）请读者思考如何在输出的脚本中加入循环，以实现对多个数据的批量自动处理。

（5）本实验的结果可用于为每个地类图斑生成一个地类符号。

（6）为更好说明图解建模的方法，本实验中安排了较多的工具和过程。事实上，仅使用【Feature To Point】和【Join Field】两个工具也可达到相同的效果。

实验 26　地图符号的制作与应用

一、实验目的

了解不同类型地图符号的各项属性，掌握地图符号的制作方法，学会应用地图符号制作专题地图。

二、实验内容

创建与制作点状符号、线状符号、面状符号、文字符号等，应用地图符号制图。

三、实验原理与方法

实验原理：地图符号是表达地图内容的基本手段，也是 GIS 中空间数据可视化的重要形式，可以用来形象地表达地理要素的空间分布、数量及质量等特征，在地图制图、数据管理、空间分析等方面具有重要作用。在 ArcMap 中，制图符号通过样式管理器（Style Manager）来进行管理，用户可以新建、修改符号样式（符号库）。每个样式采用一个 Style 文件管理，包括了 Marker Symbols（点状符号）、Line Symbols（线状符号）、Fill Symbols（面状符号）、Text Symbols（文本符号）等 22 个符号子库。制作点、线、面符号时可以镶嵌使用字体符号或图片，字体符号可来源于操作系统字体库中的任何字体文件，也可采用 bmp、png 等格式的图片。

实验方法：利用 ArcMap 中的样式管理器（Style Manager）创建不同类型的符号，并将这些符号应用于各类数据的制图表示中。

四、实验设备与数据

（1）实验设备：计算机。

（2）主要软件：ArcGIS Desktop。

（3）实验数据："实验 26"文件夹下的相关数据，它包括 landuse 数据库中的地类符号、地类图斑、行政区界线、线状地物、注记等数据，以及一个专题符号样式库（土地利用现状图.style）和三个符号的图片文件（耕地.jpg、水田.jpg、旱地.jpg）。

五、实验步骤

1. 浏览数据

打开 ArcMap，加载 landuse 数据库中的地类符号、地类图斑、线状地物、行政区界线、注记等 5 个数据，浏览这些数据，重点观察属性表中的地类名称（DLMC）和地类编码（DLBM）等字段。

2. 新建样式

依次点击菜单【Customize】→【Style Manager…】，打开样式管理器，点击右上角的【Styles…】，在弹出的对话框中点击【Create New Style…】，在"实验 26"文件夹中新建一个样式，可命名为"landsymbol.style"，点击【保存】→　【OK】回到样式管理器中。

3. 点状符号的制作与应用

（1）点状符号的创建：双击样式管理器左侧列表框中新建的样式 landsymbol，打开样式内容列表，点击 Marker Symbols 文件夹，在右侧空白处右键点击鼠标，依次选择【New】→【Marker Symbol…】（图 26.1），打开符号属性编辑器（Symbol Property Editor）对话框。

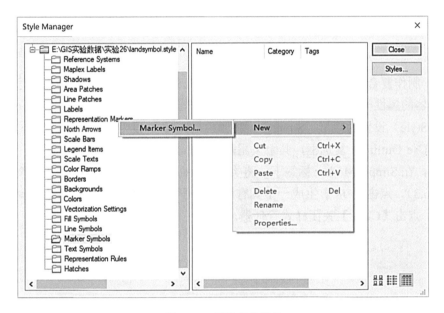

图 26.1　新建点状符号

（2）符号属性的设置。在对话框的属性（Properties）面板类型（Type）下拉框中，选择"Picture Marker Symbol"，在弹出的对话框中选择"实验 26"文件夹中的"水田.jpg"，调整符号大小（Size）为 11，若有必要，还可以调整角度（Angle），以及 X 偏移（X Offset）和 Y 偏移（Y Offset）（图 26.2），点击【OK】完成点符号的属性设置并返回样式管理器中，将符号的名称修改为"水田"。

（3）创建更多的符号。采用与前两步相同的方法，以"实验 26"文件夹中的"旱地.jpg""耕地.jpg"作为图片源，生成两个新的点状符号，并分别命名为"旱地""耕地"。

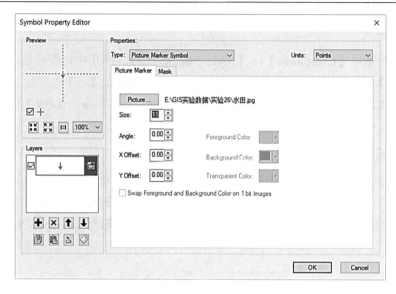

图 26.2　设置图片点状符号的属性

（4）制作复合点状符号。在 Marker Symbols 文件夹继续新建一个点符号，在符号属性编辑器的属性类型下拉框中选择"Simple Marker Symbol"，在 Simple Marker 标签下，将类型（Style）设置为矩形（Square），将颜色（Color）设为无色（No Color），勾选使用轮廓（Use Outline）复选框，其余采用默认值。点击左下角的添加按钮➕，添加一个符号图层，在 Simple Marker 标签下，将类型（Style）设置为乘号（×），其余采用默认值（图 26.3）。点击【OK】生成一个具有两个符号图层的复合点状符号，为其重命名为"村庄"。点击【Close】关闭样式管理器。

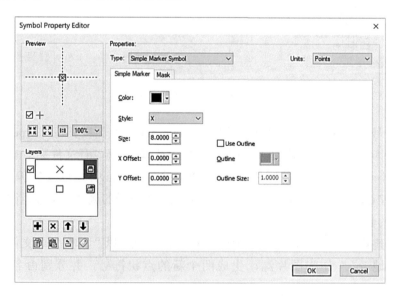

图 26.3　设置复合点状符号的属性

（5）点状符号的应用。右键点击 ArcMap 内容表中的"地类符号"图层，选择【Properties...】，打开图层属性对话框，在 Symbology 标签下左侧的显示列表中，选择【Categories】→【Unique values】，在右侧的值字段（Value Field）下拉框中，选择 DLMC 字段，点击下方的【Add Values...】按钮，分别选择并添加"水田""旱地""村庄"三个值，双击这三个值前面的点状符号，采用以上创建的"水田""旱地""村庄"符号对其进行设置（图 26.4），点击【确定】后浏览数据的符号化情况。

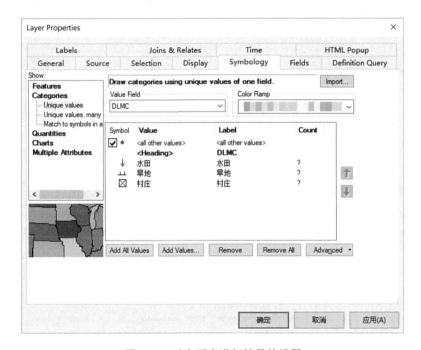

图 26.4　对点要素进行符号的设置

4. 线状符号的制作与应用

（1）创建村界符号。打开样式管理器 Style Manager，双击样式管理器中的 landsymbol 样式，在打开的样式内容列表中点击 Line Symbols 文件夹，右键点击右侧的空白处，依次选择【New】→【LineSymbol...】，打开符号属性编辑器（Symbol Property Editor）对话框。

（2）编辑村界符号的虚线图层。在属性类型下拉框中选择制图线符号（Cartographic Line Symbol），在其下方的 Cartographic Line 标签中为线设置宽度（1.5），在 Template 标签下，先拖动灰块至第 19 小格以设定线模型的长度，再从左到右点击白块（3 黑+2 白+3 黑+2 白+3 黑+5 白）以设定虚线长度及间隔，将 Interval 值设为 2（图 26.5）。

（3）编辑村界符号的点图层。点击左下角的添加按钮➕，添加一个符号图层，在类型下拉框中选择点线符号（Marker Line Symbol），在其下方的 Cartographic Line 标签中将线的宽度设置为 3，在 Template 标签下，先拖动灰块至第 19 小格以设定线模型的长

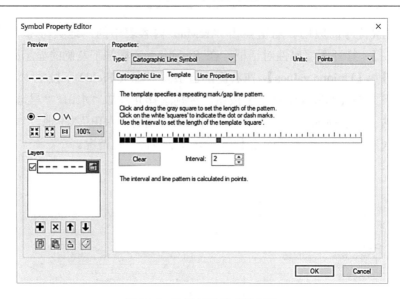

图 26.5　设置村界的虚线属性

度，再点击第 1 小格将黑块设为白色，点击第 16 小格将白块设为黑块，将 Interval 值设为 2。预览左上角的线型，然后点击【OK】创建村界线型符号并将其命名为"村界"（图 26.6）。点击【Close】关闭样式管理器。

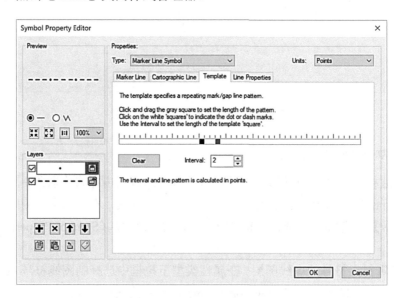

图 26.6　设置村界的点线属性

（4）村界符号的应用。在"行政区界线"图层的属性对话框 Symbology 标签下，按界线类型（JXLX）进行分类显示，将其中的村界（JXLX 代码为 670500）按以上创建的线状符号进行设置。浏览符号化后的村界。

5. 面状符号的制作与应用

（1）在样式管理器中，在 landsymbol 样式的 Fill Symbols 文件夹里，新建一个面状符号（Fill Symbol）。

（2）在属性类型下拉框中选择简单填充符号（Simple Fill Symbol），在其下方的 Simple Fill 标签中设置填充颜色（Color）为浅红色，轮廓颜色（Outline Color）为深黑色。

（3）点击左下角的添加按钮 ✚，添加一个符号图层，在类型下拉框中选择线填充符号（Line Fill Symbol），在其下方的 Line Fill 标签中，将角度（Angle）设置为 45°，点击【Line...】，将线的宽度设置为"0.5"，点击【Outline...】，将轮廓线的宽度设置为"0"。

（4）再添加一个符号图层，类型设置为线填充符号（Line Fill Symbol），将角度设置为–45°，线的宽度设置为"0.5"，轮廓线的宽度设置为"0"（图 26.7）。点击【OK】并将符号命名为"城镇"。点击【Close】关闭样式管理器。

（5）将"地类图斑"图层中地类名称（DLMC）字段中值为"建制镇"的图斑采用以上制作的符号进行符号化，浏览（放大、缩小）符号化后的要素。

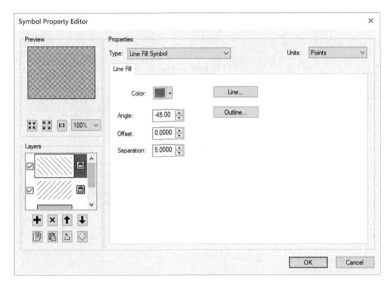

图 26.7　面状符号的属性编辑

6. 文本符号的制作与应用

（1）参照前述方法，在样式管理器中 landsymbol 样式的 Text Symbols 文件夹里，新建一个文本符号（Text Symbol）。

（2）在 Editor 窗口中，点击 General 选项卡，在该选项卡下设置文本符号的字体（Font）为"黑体"，大小（Size）设置为"24"；点击 Formatted Text 标签，设置字符间隔（Character Spacing）为"80"；点击 Mask 标签，在方式（Style）中选择光晕（Halo）（图 26.8），点击【OK】新建文本符号，命名为"村名"，点击【Close】关闭样式管理器。

（3）右键点击"注记"图层，选择"Properties..."，在打开的图层属性对话框中选择 Symbology 标签，在符号替换（Symbol Substitution）框中选择"Substitute individual symbols in the symbol collection"，点击【Properties...】（图 26.9），在打开的符号选择器中，选择上一步生成的"村名"文本符号。点击【OK】，再点击【确定】，从而用自己制作的文本格式去替换"注记"图层属性表中记录的文本格式。

（4）浏览按以上文本格式进行符号化后的"注记"，注意观察不同参数对注记符号产生的影响。

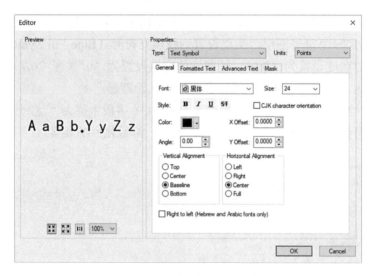

图 26.8　设置文本符号的属性

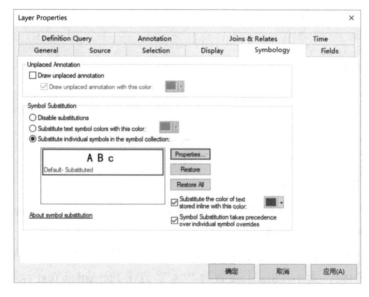

图 26.9　用自定义文本替换文本符号

六、实验说明

（1）本实验中仅对数据中的部分类型要素制作了符号，有兴趣的读者还可以自己制作其他类型的符号。

（2）在各类地图符号制作的过程中，还有许多其他的参数，读者可以尝试修改其他参数，观察符号的变化。

（3）"实验 26"文件夹中，提供了一个较为完整的土地利用制图的符号样式"土地利用现状图.style"，读者可以通过样式管理器加载该样式（【Styles…】→【Add Style to List…】），并使用该样式对各个图层进行符号化。

（4）有兴趣的读者还可以在样式管理器中浏览"土地利用现状图.style"中的各个符号，尝试复制并修改原符号，比较修改后的符号与原符号之间的差异。

实验 27　中国人口密度图的制作

一、实验目的

了解专题地图的组成要素，掌握专题电子地图的制作方法。

二、实验内容

制作中国人口密度电子地图。

三、实验原理与方法

实验原理：相对于普通地图而言，专题地图突出反映一种或几种主题要素或现象。专题地图由图形要素、数学要素和辅助要素等构成，而图形要素包括地理底图要素和专题要素两大类。

实验方法：先将外部表格中的人口等数据连接至行政区划数据中，然后根据人口数量与面积，计算各省份的人口密度，再对人口密度符号化，对地图进行整饰，最后输出专题地图。

四、实验设备与数据

（1）实验设备：计算机、绘图仪等。

（2）主要软件：ArcGIS Desktop、Microsoft Excel 等。

（3）实验数据："实验 27"文件夹下的相关数据，它包括中国省级行政区多边形数据（China 数据库中的 Polygons）、基础地理数据（city、river、road、railway）、各省份人口数据（provincepopulation.xls）及其他数据（九段线.shp、南海诸岛及其他岛屿.shp）。

五、实验步骤

1. 打开 ArcMap

加载 China 数据库中的行政区划多边形数据"Polygons"和人口数据 provincepopulation.xls 中的"Population$"，浏览（属性）表中的数据。

2. 新建字段

在 Polygons 图层的属性表中，点击左上角的 Table Options 下拉菜单按钮，选择"Add Field…"，新建一个名为"Density"的长整型（Long Integer）字段，用以存放人口密度。

3. 建立属性连接

右键点击 Polygons 图层，依次选择【Joins and Relates】→【Join…】，将 Population$ 表

中的人口数据连接到 Polygons 的属性表中（具体连接方法见"实验 11"中的属性连接）。

4. 计算人口密度

在 Polygons 属性表的 Density 字段标题上点击右键，选择"Field Calculator…"，在字段计算器的计算窗口中输入 [Population$.population] / ([Polygons.Shape_Area] / 1000000)，点击【OK】，计算各地的人口密度（人/km^2）。关闭属性表，右键点击 Polygons 图层，依次选择【Joins and Relates】→【Remove Join(s)】→【Population$】，移除 Polygons 的属性连接。

5. 对人口密度进行符号化

右击 Polygons 图层，选择"Properties…"，打开 Layer Properties 对话框，点击 Symbology 标签，在 Show 列表框中选择【Quantities】→【Graduated colors】，然后在 Value 下拉列表框中选择"Density"字段，在 Normalization 下拉列表框中选择"none"，在 Color Ramp 下拉框中选择适当的颜色（建议采用某种由浅到深的单一色），在 Classes 处选择 6 作为分类的级数，点击【Classify…】，在 Classification 对话框中设置分类界线（Break Values）：50、150、250、400、1000、19224，点击【OK】回到 Layer Properties 对话框（图 27.1）。必要时可对颜色进行反转（点击 Symbol，选择 Flip Symbols），如图 27.1 所示修改各类符号的标签（直接点击 Label 列中的各行进行修改），最后点击【确定】完成人口密度的符号化。

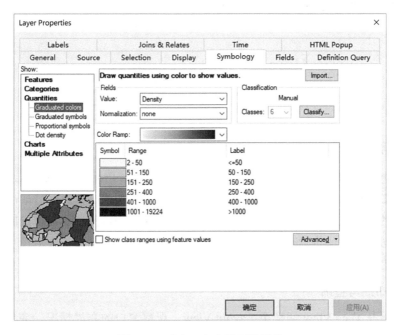

图 27.1　对人口密度进行符号化

6. 加载基础地理要素

加载 city、river、road、railway、九段线、南海诸岛及其他岛屿等数据，对其进行符号化，合理设置各图层叠置顺序及显示的比例尺范围（具体方法见实验 5），使图件清晰美观。特别地，在对 City 图层进行符号化（Layer Properties 的 Symbology 标签）时，选择按唯一值分类显示（【Categories】→【Unique values】），字段选择城市名称 "NAME"，点击【Add Values...】，选择 "北京" 并点击【OK】后，双击 "北京" 前的符号，将其修改为红五角星，双击 all other values 前的符号，将其修改为双圆环状符号，并将它们的标签（Label）分别修改为 "首都" 和 "省会城市"（图 27.2），点击【确定】完成设置。

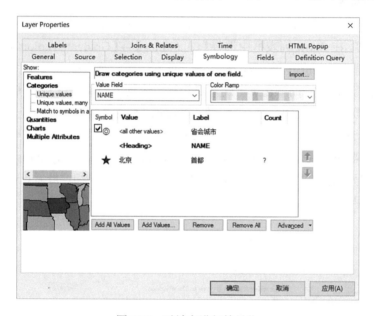

图 27.2　对城市进行符号化

7. 添加标注

右击 Polygons 图层，选择 "Properties..."，打开 Layer Properties 对话框，点击 Lables 标签，选中 Lable features in this layer 复选框，在 Lable Field 中选择 "Name" 字段，设置文本符号的参数（字体、字号、颜色等），然后点击【确定】，则各省份的名称将标注到图上。用同样的方法将 City 图层中各个城市的名称也作为标签标注到图中，其字体字号应与省份名称的有所区别。

8. 地图布局与整饰

将显示区从 Data View 切换至 Layout View，观察窗口的布局情况，完成以下操作。

（1）页面设置：点击菜单【File】→【Page and Print Setup...】，设置页面大小（Size）为 "A4"，根据数据的纵横比例，设置页面方向（Orientation）为横向（Landscape），其他参数保留默认值。

（2）调整数据框的大小和位置，以适应页面布局的需要。

（3）右击图形显示区的数据框，选择"Properties..."，在打开的 Data Frame Properties 对话框中点击 Grids 标签，点击【New Grid】，其后全部采用默认值，则会按 10°的间隔为图形添加经纬网。读者可进一步调整格网的标签属性（Label Style），使其标注更为合理。

（4）插入图名、图例、比例尺：点击菜单【Insert】→【Title】\【Legend...】\【Scale Bar...】，调整其参数设置，将其置于图中的适当位置（图 27.3）。

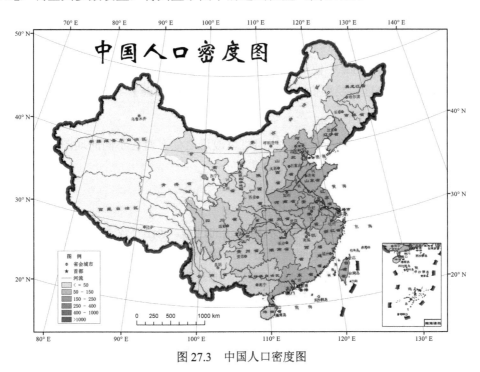

图 27.3　中国人口密度图

9. 添加南海诸岛附图

（1）点击菜单【Insert】→【Data Frame】，在内容表中插入一个数据框，将其重命名为"南海诸岛"。

（2）将 Layers 数据框中的所有图层复制到"南海诸岛"数据框中。

（3）将该数据框拖移至页面右下角，调整数据框的形状和大小，使南海及附近区域为该数据框的显示区域。

（4）添加"南海诸岛"文本注记（图 27.3）。

10. 保存地图

（1）点击菜单【File】→【Map Document Properties...】，在打开的对话框中勾选 Pathnames 后的复选框，选中"Store relative path names to data source"，点击【确定】，使地图在下次保存时按相对路径保存。

（2）点击菜单【File】→【Save】或工具条上的 Save 按钮，将地图文档保存到"实验 27"文件夹中，并以"中国人口密度图.mxd"命名。

11. 地图输出

（1）点击菜单【File】→【Export Map...】，设置输出路径为"实验 27"，文件名可采用默认的"中国人口密度图"，文件格式采用 JPEG。点击左下角【Options】按钮，将分辨率（Resolution）设置为 300dpi，点击【保存】输出地图（图 27.3）。

（2）重复上一步，将地图按 PDF 格式输出。

（3）发布地图。先点击菜单【Customize】→【Extensions...】，勾选 Publisher 扩展模块；然后打开 Publisher 工具条，点击其上的地图发布按钮 ，将地图发布为 pmf 文件，从而可以在 ArcReader 中使用该地图。

（4）必要时，可连接绘图仪或打印机，并点击菜单【File】→【 Print...】，打印地图。

12. 比较与分析

对输出的地图进行浏览与分析，找出可以改进之处。对比不同的地图输出方式，分析它们之间的差异。

六、实验说明

（1）地图制图是一个将科学与艺术相结合的过程。地图不仅要能科学地反映制图对象的特征，同时也要美观，便于阅读。图中的颜色和符号等数据可视化，以及图面的配置等，需要反复调整以得到良好的效果。初学制图者不必急于求成，不必过多追求制图的细节，先重点掌握地图制图的基本方法，待熟练之后可通过多次的练习和详细的参数设置来提高制图技能。

（2）制图时，数据的分级方法有很多种。读者可以在尝试采用系统自带的分级方法的基础上，分析其合理性，并根据数据自身的分布特征来进行分级。一般来说，分级要能保证级间有明显差别且级内具有相对的一致性。级别数量不能太多也不能太少，一般采用 5~8 级为宜。

（3）地图中若没有经纬网、平面坐标网（如公里网）等指示方向，可以在图中插入指北针（North Arrow）。本实验中的地图数据采用的是圆锥投影，各地的北方向不一致，因此不宜加入指北针。

实验 28　基于 ArcGIS Engine 的 GIS 二次开发

一、实验目的

了解 GIS 软件开发的一般过程，掌握使用 ArcGIS Engine 组件包进行 GIS 开发的基本方法，培养对 GIS 开发的兴趣。

二、实验内容

基于 ArcGIS Engine 开发一个小程序，以实现地图的添加、全图显示、漫游、缩放、查询等功能。

三、实验原理与方法

实验原理：ArcGIS Engine 组件库中提供了全面的 COM 组件功能接口，所有支持 COM 编程环境的编程语言都可以调用其接口。C#语言有强大的类库，GIS 开发时可方便地调用 ArcGIS Engine 组件库中的功能接口，实现 GIS 的功能。

实验方法：以 Visual Studio 2010 为平台，运用 C#语言调用 ArcGIS Engine 组件库中的相关功能接口，实现空间数据的添加、浏览、查询等功能。

四、实验设备与数据

（1）实验设备：计算机。

（2）主要软件：Visual Studio 2010，ArcGIS Engine 10 组件开发包。

（3）实验数据："实验 28"文件夹下的地图文档及相关数据，该数据源于 ArcGIS 的安装目录，并经适当修改。

五、实验步骤

1. 创建工程

打开 Visual Studio 2010，在菜单栏上依次点击【文件】→【新建】→【项目(P)…】，在弹出的窗口中创建一个基于 Visual C#的 Windows 窗体应用程序，在窗口下方设置其存储位置与名称（MapControlTest），点击【确定】，然后更改 Form1 的 text 属性为"MapControlTest"。

2. 加载 MapControl 控件

在工具箱任意处单击鼠标右键，在弹出的菜单中选择"添加选项卡(A)"，设置新生成的选项卡的名称为"ArcGISEngine 控件"。选中该选项卡，并在选项卡上单击鼠标右键，在弹出的菜单中点击【选择项(I)...】，将弹出"选择工具箱项"对话框。然后在.NET Framework 组件标签中选择 AxLicenseControl 及 AxMapControl 控件，点击【确定】关闭对话框，即在"ArcGIS Engine 控件"选项卡中添加了两个新的工具。首先将 AxLicenseControl 控件拖动到"MapControlTest"窗口中，实现控件的加载，右键点击该控件，选择"属性"，在打开的属性窗口的 Products 列表框中，选中 ArcGIS Engine 前的复选框，点击【确定】后退出；然后加载 AxMapControl 控件，点击该控件，在右侧的属性窗口中设置 Dock 属性为 Fill（填充）。

3. 加载 ToolStrip 控件

在左侧的"所有控件"选项卡中，将 ToolStrip 控件拖入"MapControlTest"窗口中，并右键点击该控件，选择"置于底层"。

4. 在 ToolStrip 控件上添加功能按钮

点击 ToolStrip 控件最左侧的下拉按钮，选择"Button"，为其添加一个按钮用于打开地图。点击选中该按钮，在右侧属性窗口中，先通过 Image 属性项（或右键点击按钮，选择"设置图像"）为其设置图标（C:\Program Files(x86)\ArcGIS\Desktop10.*\bin\Icons\FolderOpenState16.png，根据软件安装位置的不同，该路径可能略有不同），然后在(Name)属性项中，将按钮的名称更改为"toolbtnOpen"，最后在 ToolTipText 属性中，为按钮设置提示文本"打开地图文档"。采用同样的方法再添加 5 个按钮，并按表 28.1 设置按钮的属性。设置完成后，窗口的完整界面布局如图 28.1 所示。

表 28.1　功能按钮的属性设置表

按钮功能	按钮图标及图标名称	(Name)属性	ToolTipText 属性
打开地图	FolderOpenState16.png	toolbtnOpen	打开地图文档
放大	ZoomInTool_B_16.png	toolbtnZoomIn	放大
缩小	ZoomOutTool_B_16.png	toolbtnZoomOut	缩小
漫游	PanTool_B_16.png	toolbtnPan	漫游
全局视图	RotatingGlobe14-1.png	toolbtnFullView	全局视图
属性查询	IdentifyTool16.png	toolbtnInfo	属性查询

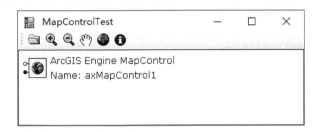

图 28.1　窗口界面的布局

5. 引用 ESRI 对象库

在使用 ESRI 提供的.NET 对象库之前，必须将必要的 ESRI 对象库引用到当前项目中。引用 ESRI 对象库之前需要安装 ArcGIS 开发包（DeveloperKit）。ESRI 对象库的默认安装路径为：C:\Program Files (x86)\ArcGIS\DeveloperKit10.*\ DotNet。

点击菜单【视图】→【解决方案资源管理器】，打开该管理器，在"引用"中单击右键，选择"添加引用…"，在打开的对话框的.NET 标签中，依次选择添加 ESRI.ArcGIS.Controls、ESRI.ArcGIS.SystemUI、ESRI.ArcGIS.AxControls 三个对象库（添加前应检查是否已有这三个引用对象，若有则无需添加）。

6. 添加"命名空间"的引用

右键点击窗口中的任意控件，选择"查看代码"（或直接双击控件），进入代码编辑区，在顶端加入以下两行语句，用以引入 ESRI 对象库。

using ESRI.ArcGIS.Controls;

using ESRI.ArcGIS.SystemUI;

7. 添加 ArcGIS Runtime 绑定

在程序入口处的 public Form1()部分，添加以下一行代码，用于适应 ArcGIS Engine10 版本中许可方式的新要求——Runtime 绑定，即在任何 ArcObjects 代码（包括许可初始化代码）被执行前，指定相称的 ArcGIS 产品——ArcGIS Desktop 或者 ArcGIS Engine 应用程序。

ESRI.ArcGIS.RuntimeManager.Bind(ESRI.ArcGIS.ProductCode.EngineOrDesktop);

8. 添加功能代码

在设计窗口中双击工具条 ToolStrip1 上的不同图标，进入该功能按钮的代码编辑区，为各个功能按钮添加处理方法。所有的代码如下：

using System;

using System.Collections.Generic;

using System.ComponentModel;

using System.Data;

using System.Drawing;

```csharp
using System.Text;
using System.Windows.Forms;

using ESRI.ArcGIS.Controls;
using ESRI.ArcGIS.SystemUI;

namespace MapControlTest
{
    public partial class Form1 : Form
    {
        public Form1()
        {
            //添加 Runtime 绑定

            ESRI.ArcGIS.RuntimeManager.Bind(ESRI.ArcGIS.ProductCode.Engine
                OrDesktop);
            InitializeComponent();
        }

        //实现地图加载功能
        private void toolbtnOpen_Click(object sender, EventArgs e)
        {
            OpenFileDialog mxdOpenFile = new OpenFileDialog();
            mxdOpenFile.Filter = "mxd files (*.mxd)|*.mxd|layer files (*.lyr)|*.lyr|shp
files(*.shp)|*.shp";

            mxdOpenFile.InitialDirectory = @"C:\Program Files\ArcGIS";
            mxdOpenFile.Title = "请选择打开的地图";
            DialogResult result = mxdOpenFile.ShowDialog();
            if (result == DialogResult.OK)
            {
                axMapControl1.LoadMxFile(mxdOpenFile.FileName);
            }
        }

        //放大
        private void toolbtnZoomIn_Click(object sender, EventArgs e)
```

```
    {
        ICommand pCommand = new ControlsMapZoomInTool();
        pCommand.OnCreate(axMapControl1.Object);
        axMapControl1.CurrentTool = pCommand as ITool;
    }

//缩小
private void toolbtnZoomOut_Click(object sender, EventArgs e)
    {
        ICommand pCommand = new ControlsMapZoomOutTool();
        pCommand.OnCreate(axMapControl1.Object);
        axMapControl1.CurrentTool = pCommand as ITool;
    }

//漫游
private void toolbtnPan_Click(object sender, EventArgs e)
    {
        ICommand pCommand = new ControlsMapPanTool();
        pCommand.OnCreate(axMapControl1.Object);
        axMapControl1.CurrentTool = pCommand as ITool;
    }

//全局视图
private void toolbtnFullView_Click(object sender, EventArgs e)
    {
        ICommand pCommand = new ControlsMapFullExtentCommand();
        pCommand.OnCreate(axMapControl1.Object);
        pCommand.OnClick();
    }

//属性查询
private void toolbtnInfo_Click(object sender, EventArgs e)
    {
        ICommand pCommand = new ControlsMapIdentifyTool();
        pCommand.OnCreate(axMapControl1.Object);
        axMapControl1.CurrentTool = pCommand as ITool;
```

```
        }
    }
}
```

9. 编译程序

点击运行按钮 ▶ 或按 F5 键，编译运行程序，生成 EXE 可执行程序于相应目录下（缺省为项目位置下 bin\Debug 目录）。

10. 检验程序

用以上编译的程序打开"实验 28"文件夹中的地图文档或其他任何地图文档（*.mxd），并对其浏览和查询，以检查程序是否可靠。

六、实验说明

（1）本实验通过调用 ESRI 类库中已有的功能实现了设计目标，较为简单。有兴趣的读者可以尝试添加其他要素实现更多的功能。

（2）本实验是基于 C#语言而设计的，读者也可以根据自己所学的课程选择其他开发语言并参照本实验进行开发。

（3）"实验 28"文件夹中"代码.docx"文件提供了第 7 步中的代码，读者可以打开该文件并复制各功能的处理方法代码到相应的位置。

实验 29　堰塞湖灾害评估

一、实验目的

了解解决空间问题的一般过程，学会综合运用 GIS 的各种工具和方法解决实际的空间问题。

二、实验内容

某地因地震形成一个堰塞湖，湖面高程 155m，根据相关信息，提取堰塞湖淹没区范围，估算淹没区内经济损失，计算堰塞湖的库容。

三、实验原理与方法

实验原理：地震形成的堰塞湖具有高度的危险性，对堰塞湖进行灾害评估有助于了解灾害风险并制定科学的决策方案。根据地形等相关空间数据，利用 GIS 的数据处理和空间分析功能，可以对灾害进行定量的评估。具体来说，基于 DEM 及淹没水位的高程，通过重分类可以找出受淹的范围；将淹没区数据与区域的其他数据进行空间叠加，可以确定受淹要素的空间位置和分布状况；通过统计可以对受淹要素进行分类汇总；基于 DEM 和某一高程基准面，可以计算基准面以上或以下的体积。

实验方法：根据堰塞湖面高程及堰塞体的位置，确定堰塞湖新增淹没区范围；将淹没区范围和土地利用现状数据进行空间叠加，计算出淹没区范围内所涉及的各种土地类型的面积，并依据相关资料评估淹没区内的经济损失；最后根据堰塞湖的水位和 DEM 数据，估算由于堰塞湖的形成而产生的水库库容。

四、实验设备与数据

（1）实验设备：计算机。

（2）主要软件：ArcGIS Desktop、Excel 等。

（3）实验数据："实验 29"文件夹下的相关数据，包括堰塞体位置 Barrier、DEM 数据 elevation、土地利用数据 Landuse、统计表.xls。

五、实验步骤

1. 分析背景材料，提取相关地理信息

本实验的详细背景材料源于与本书配套的《地理信息系统基础教程》第 6 章第 2 节的实例二。从背景材料中可以看出，该案例中的关键信息是堰塞湖水面高程（泄洪槽底部高程）为 155m，它是解决目标问题（淹没范围、损失评估、新增库容）的主要依据。

2. 确定所需的数据

根据问题的需要，首先需要收集堰塞湖地区的 DEM 数据，其次是堰塞体所在位置的数据、该地区的土地利用数据、不同地类受害损失单价数据等。

3. 拟定解决方案

根据工作任务及数据，拟定解决方案。本项目中，首先需要根据堰塞湖泄洪槽底部高程，利用 DEM 数据找出堰塞湖淹没区范围；其次将淹没区范围和土地利用现状数据进行空间叠加，计算出淹没区范围内所涉及的各种土地类型的面积；然后依据不同地类的受灾损失单价表和面积，计算淹没区内的经济损失；最后根据堰塞湖的水位和 DEM 数据，估算堰塞湖所形成的水库库容。

4. 项目实施

（1）打开 ArcCatalog，在"实验 29"中新建一个 Shapefile 数据，命名为"Mask"，类型选择"Polygon"，在空间参考框中点击【Edit】，在打开的对话框中点击添加坐标系统按钮 ⊕ ▾，选择"Import..."，再选择"实验 29"文件夹下的任一空间数据，点击【Add】将其坐标系统（即 Albers 投影）引入 Mask 数据中，点击【确定】→【OK】完成新建数据。

（2）打开 ArcMap，加载 elevation、Landuse、Barrier 和 Mask 数据，浏览各项数据，合理调整图层顺序，并进行图层符号化。

（3）打开 Editor 工具条并启动编辑，点击工具条上的 Create Features 按钮 🔳，在右侧打开的 Create Features 窗口中选择 Mask 将其设置为目标图层，点击下方的 Polygon 工具，然后在显示区中，以 Barrier 中的堰塞体位置为基础画一任意多边形，其范围需要覆盖堰塞体上游的所有区域（即数据中堰塞体以南的区域，可以有所超出），保存数据并停止编辑。

（4）依次点击菜单【Customize】→【Extensions...】，勾选 Spatial Analyst 复选框，激活空间分析模块，然后关闭对话框。

（5）在 ArcToolbox 中依次双击【Spatial Analyst Tools】→【Reclass】→【Reclassify】，打开重分类工具，首先点击【Environments...】进行环境设置，点击展开 Workspace 标签，将本实验数据所在的"实验 29"文件夹设置为"Scratch Workspace"；然后点击展开 Raster Analysis 标签，将像元大小（Cell Size）选项设定为"Same as layer elevation"，将掩膜（Mask）设置为数据"Mask"，点击【OK】。

（6）返回 Reclassify 界面，输入栅格数据选择"elevation"，点击【Classify...】，按照高程海拔将数据重分类为两级，分割点数值为 155，将值 155 以下像元赋新值（New Values）为 1，其余的值设为 NoData，在 Output raster 中设置输出数据的保存路径和名称（FloodArea.tif）（图 29.1），单击【OK】，生成的数据即为堰塞湖淹没区范围。

（7）在 ArcToolbox 中依次双击【Converison Tools】→【To Raster】→【Feature to

Raster】，打开矢量转栅格工具，首先点击【Environments...】进行环境设置，点击展开
Workspace 标签，将 Scratch Workspace 设置为"实验 29"文件夹；然后点击展开 Raster
Analysis 标签，将 Cell Size 选项设定为"Same as layer FloodArea"，点击【OK】返回
Feature to Raster 界面，设置 Landuse 数据为输入要素，字段选择"DLDM"（地类代码），
设置输出数据的路径和名称（Landgrid），点击【OK】即可将 Landuse 数据转换为栅格数
据（图 29.2）。

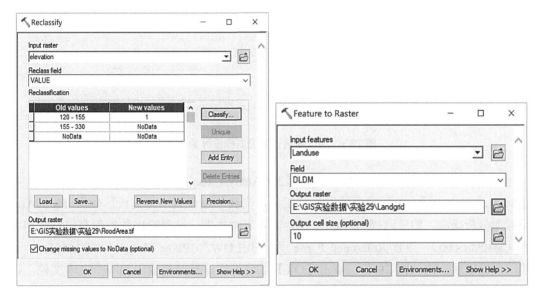

图 29.1　重分类提取淹没范围　　　　　图 29.2　将土地利用数据转换为栅格数据

（8）在 ArcToolbox 中依次双击【Spatial Analyst Tools】→【Map Algebra】→【Raster
Calculator】，打开栅格计算器，在文本框中将以上两步生成的数据相乘（"FloodArea.tif" *
"Landgrid"），设置输出数据的路径和名称（FloodLand）（图 29.3），点击【OK】计算淹
没区内的土地。

（9）浏览上一步新生成的数据 FloodLand，打开其属性表，将其输出为 dbf 文件
（FloodLandTable.dbf），然后在 Excel 中打开该文件，根据像元数量（Count）及像元大
小（Cellsize 为 10m×10m），计算各类土地面积（以 hm^2 为单位，保留两位小数），并填
入"统计表.xls"的 floodarea 表中的相应位置，得到不同地类受灾面积统计结果。

（10）根据"统计表.xls"中的受灾面积及不同地类损失单价表（unitloss），计算各
类用地的经济损失，并填入不同地类损失计算结果表（totalloss）中。

（11）在 ArcMap 中依次点击菜单【Customize】→【Extensions...】，勾选"3D Analyst"，
激活 3D 分析模块，关闭窗口。

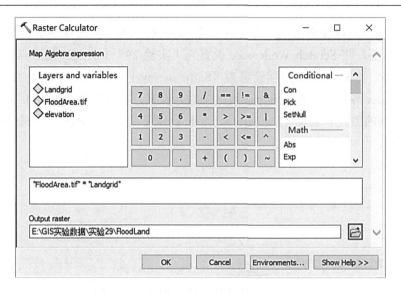

图 29.3　通过栅格计算提取淹没区的土地

（12）打开 ArcToolbox，依次双击【3D Analyst Tools】→【Functional Surface】→【Surface Volume】，打开表面体积计算工具，先在环境设置中将淹没区数据 FloodArea 设置为分析掩膜，然后选择 elevation 作为输入表面数据，设置输出数据保存的路径和名称（Statistics.txt），设置 Reference Plane 为"BELOW"，Plane Height 设定为155m，其他选项保留默认值（图 29.4），点击【OK】后将体积计算结果输出为一个文本文件，该文件将自动加载到 ArcMap 的内容表中。在内容表中右键点击该文件，选择"Open"，则文本文件中的内容将在表格中打开（图 29.5），可以看到 Volume 列下方的值即为堰塞湖所形成的库容。读者也可以采用记事本打开该文件，比较它与在 ArcMap 中打开时的格式差异。

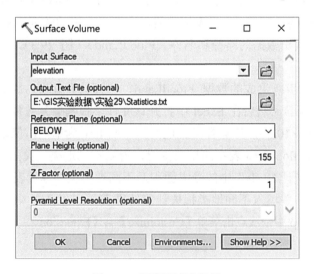

图 29.4　堰塞湖库容计算

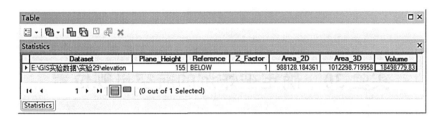

图 29.5　堰塞湖库容计算结果

六、实验说明

（1）本实验在确定淹没区内的土地时，通过淹没区与土地利用栅格叠加运算，实现淹没区内土地的提取。在将淹没区栅格值设为 1 且其他区设为空值的情况下，叠加中采用相乘的方法，不仅可以使结果数据的空间范围符合要求，又能使地类代码值不发生变化，便于后续统计分析。实际应用中这种涉及空间范围的叠加，还可以通过设置掩膜的形式来实现，即在将土地利用数据转换为栅格的操作中，以淹没区为掩膜，转换时只将淹没区内的土地转换成栅格，从而间接实现了要素的叠加。与直接叠加相比，这种方式虽然不易于理解，但有更高的效率。

（2）本实验中的库容（体积）计算采用了 Surface Volume 工具，它可以计算某一基准面以上或以下的体积，这对于基准面为一平面时具有很高的体积计算效率。但若基准面不为平面（如斜面、多台面、侵蚀面等），则不能使用该工具，需要首先采用栅格计算器将两个面相减，其次求取区域的平均高程差，最后将其与区域平面面积相乘从而计算出体积。

实验 30   确定被炸沉的航空母舰位置

一、实验目的

了解解决空间选址问题的一般过程，学会综合运用 GIS 的各种空间分析方法解决实际问题。

二、实验内容

根据相关信息，确定被炸沉的航空母舰的位置。

三、实验原理与方法

实验原理：选址问题是 GIS 空间分析的重要应用领域。通过对选址条件的分析，收集并整理符合条件的各项空间数据，将其进行空间叠加分析，从而获得满足多个条件的区域。

实验方法：根据背景材料，从中提取地理信息，准备相关数据，然后通过空间叠加分析，确定被炸沉航空母舰的位置。

四、实验设备与数据

（1）实验设备：计算机。
（2）主要软件：ArcGIS Desktop。
（3）实验数据："实验 30"文件夹下的相关数据，它包括美国行政区划数据（GeoData 中的 States）、海底地形模拟数据（OceanDEM）。

五、实验步骤

1. 分析背景材料，提取地理信息

本实验的详细背景材料源于与本书配套的《地理信息系统基础教程》第 6 章第 2 节的实例三。从背景材料中，可以找出三个与位置相关的信息：一是北卡罗来纳州，二是距离海岸线 97km，三是水深 1829m。

2. 确定分析所需的数据

因为海岸线数据可以从北卡罗来纳州的数据中提取，所以本项研究所需要的数据仅有两项：一是美国（或北卡罗来纳州）的行政区划数据，二是海底地形数据。

3. 拟定解决方案

根据数据及目标，拟定解决方案。本项目中，需要先从美国行政区划数据中找出北

卡罗来纳州，并从中提取海岸线；其次对海岸线数据向海一侧生成距离为 97km 的平行线；然后在平行线周围建立一个一定宽度（1000m）范围的缓冲区；再次根据海底地形数据提取出深度在 1829m 左右（±50m）的区域，将缓冲区与深度范围数据进行叠加，从而得到航母沉没的大致地点；最后进行结果分析，确定是否还需要缩小缓冲距离和深度范围以得到更为准确的位置。

4. 项目实施

（1）打开 ArcCatalog，浏览"实验 30"文件夹中的所有空间数据。

（2）右键点击 GeoData 中的 USA 数据集，依次选择【New】→【FeatureClass…】，新建一个要素类用于存放海岸线数据，将其命名为"Coast"，要素类型选择"Line Features"，其余均采用默认值。

（3）打开 ArcMap，依次加载美国行政区划数据（States）、新建的海岸线数据（Coast）和海底地形数据（OceanDEM）。

（4）提取北卡罗来纳州的行政区界：在菜单上依次点击【Selection】→【Select By Attributes…】，在打开的对话框中设置目标图层为"States"，在下方的文本框中输入 [STATE_NAME] = 'North Carolina'（图 30.1），点击【OK】选中"北卡罗来纳州"。也可在属性表中直接根据州名进行选择。

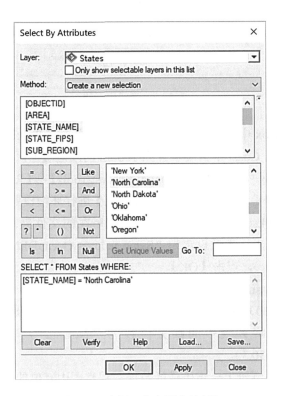

图 30.1　选择"北卡罗来纳州"

（5）打开 Editor 工具条，启动编辑任务，打开 Create Features 对话框，选择 Coast 为编辑目标图层，点击下方的 Line 绘制工具。

（6）采用 Editor 工具条上的编辑工具（如追踪 🖉▾、直线段 🖉 等），沿北卡罗来纳州最东侧的海岸绘制一条海岸线，并保存数据。海岸线中海湾口断开的地方可直接连接起来。

（7）选中刚绘制的海岸线，点击 Editor 工具条上的【Editor】按钮，在弹出的下拉菜单中选择 "Copy Parallel..."，在对话框的 Distance 中输入距离 "97000"，在 Side 中选择 "Left" 或 "Right"（根据岸线绘制的方向确定）（图 30.2），单击【OK】，在向海一侧生成一条距离海岸线 97000m 的平行线。删除原绘制的海岸线，保存数据并停止编辑。

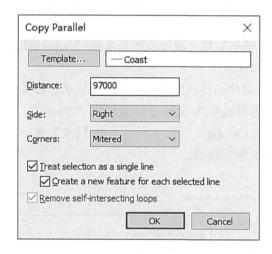

图 30.2　生成平行线

（8）在 ArcToolbox 中依次双击【Analysis Tools】→【Proximity】→【Buffer】，在打开的缓冲区工具中为 Coast 中的要素建立 1000m 的双侧缓冲区（Side Type 为 Full）。

（9）在 ArcToolbox 中依次双击【Spatial Analyst Tools】→【Reclass】→【Reclassify】，在打开的重分类工具中首先点击【Environments...】进行环境设置，点击展开 Workspace 标签，将 Scratch Workspace 设置为本实验数据所在的文件夹；然后点击展开 Raster Analysis 标签，将 Cell Size 选项设定为 "Same as layer OceanDEM"，将上一步生成的缓冲区设置为掩膜（Mask），点击【OK】。

（10）返回 Reclassify 界面，对海底地形数据 OceanDEM 进行重分类，将海深在 1879~1779m（-1829±50）的值设为 1，删除其余所有行的值，勾选 Change missing values to NoData 复选框以将列表中的缺失值设为 "NoData"，输出栅格数据命名为 "Reclass_Ocean"（图 30.3）。

（11）结果分析。浏览上一步生成的数据，观察图中有值的区域，该区域即为被炸沉航空母舰的可能位置。

图 30.3　对海底地形重分类提取位置

六、实验说明

（1）本实验中对数据输入与编辑、缓冲区等操作的过程未作详细说明，详细信息请参阅前述相关实验。

（2）本实验中将符合第一个条件的数据（海岸线外 97km 附近的海域——1000m 缓冲区）作为掩膜，然后在此基础上生成符合第二个条件的另一栅格数据（深度范围——OceanDEM 中水深 1879~1779m 的区域），以此生成的结果数据将同时符合两个条件。读者也可先单独生成符合条件的两个数据，然后采用 Raster Calculator 工具，进行栅格代数运算而获得结果。

（3）因为航母的位置实际上并不可能刚好位于外海 97km 的 1829m 海底，所以本实验中对两个条件都作了拓宽处理（对海岸线外 97km 的线作 1000m 缓冲区、选择海深 1829m 上下 50m 高程范围的区域）。实际应用中，根据结果范围大小的要求，可以适当放大或缩小缓冲区距离及高程范围。